書山有路勤為徑
學海無涯苦作舟

書山有路勤為逕
學海無涯苦作舟

蘋果新世代
庫克王朝

常少波◎編著

了解蘋果**新庫克時代**
揭露庫克不為人知的面向

庫克不必成為賈伯斯，他需要成為最好的庫克。
庫克最明白自己擅長什麼，不擅長什麼。
————斯坦福大學商學院教授 傑佛瑞‧普費弗

蘋果新世代 庫克王朝

序：在蘋果寫下屬於自己的傳奇

2011 年 8 月 24 日，在蘋果公司董事會的例會上，賈伯斯正式將蘋果公司 CEO 的位置交到了提姆·庫克的手中。

然而，對於這位蘋果公司的新 CEO，外界普遍持質疑的態度，無論他做出什麼決定，人們都會想：假如賈伯斯還在的話，他會怎麼辦？可以說，「蘋果觀察家」一直緊盯他的一舉一動，無時無刻不在尋找他與賈伯斯之間的差別。

儘管大多人都在質疑提姆·庫克的能力，但也有一些人相信他的能力。2011 年 8 月 31 日，一位自稱是本·戈爾德的科技博客主就曾給提姆·庫克的電子郵箱發去了一份郵件，郵件只有簡單簡單的一句話：「別做史蒂夫·賈伯斯，做提姆·庫克。（Don,t be Steve Jobs，be Tim Cook.）」

沒想到三個半小時後，提姆·庫克親自給他回了一封郵件，郵件中也只有簡單的一句話：「放心吧，我只會做我自己。（Don,t worry.It,s the only person I know how to be.）」

早在賈伯斯在把蘋果 CEO 的位置交接給提姆·庫克時，就給了提姆·庫克一個他人生中最好的建議：「保持專注，今後不要問自己這個問題——賈伯斯會怎麼做？」從那一刻起，提姆·庫克就成了一個內心強大的 CEO，外界的任何評論永遠不會影響到提姆·庫克。

提姆‧庫克深知，做賈伯斯的接班人並不容易，但他還是決定「只會做我自己」。

他說：「有人批評我臉皮厚，但是我認為每個 CEO 都需要有頂住非議的力量，太過敏感的話，耳根太軟，你就當不了 CEO，社交媒體上有太多噪音，你需要去堅持你的決定。批評別人更容易，更簡單，但是告訴你該怎麼做的人卻很少。」

對於擔任蘋果公司 CEO 這個新角色，提姆‧庫克滿懷信心和期待。在上任的第一天，提姆‧庫克就給全體蘋果員工發去了一份熱情洋溢的郵件，郵件中寫道：

「我希望你們相信，蘋果不會改變。我珍惜並支持蘋果獨一無二的原則和價值觀。賈伯斯一手締造的公司及其文化與世界上任何一家公司都不相同。我們將會保持這樣的文化，事實上，它已融入我們的血液，成為我們 DNA 中的一部分。我們將會繼續製造全世界最好的產品，滿足使用者的需求，並且讓員工為我們所做的感到無與倫比的自豪。」

沃特·迪士尼 CEO、蘋果董事會成員羅伯特·艾格爾曾說：「儘管提姆以前所未有的熱情擔負起了 CEO 的責任，但他的熱情被一種對賈伯斯深沉的哀悼壓制了下去。這使得蘋果的過渡時期變得異常艱難，對提姆、對每一個蘋果人都是如此，而提姆要做的是證明他自己。」

提姆‧庫克確實用他的努力證明了自己：在他擔任蘋果 CEO 後，蘋果實現了令人難以置信的全面增長，其中員工數量翻了三番，年營業收入翻了三倍多，淨利潤增長了九倍，蘋果股價上漲近 50%，並曾在 2012 年 9 月達到歷史最高點的 705.07 美元，同期

蘋果市值達到歷史最高，高達 6235 億美元，超過微軟成為美國有史以來市值最大的公司。

對於提姆・庫克這位蘋果公司新 CEO 的表現，外界的態度由最初的質疑轉為了高度的好評。矽谷 IT 分析師提姆·巴加林就對其表示了高度的讚揚：「從目前的情況來看，庫克擔任 CEO 的表現應該得『A+』。這恐怕是我們見過的最順利的公司領導層變更。」斯坦福大學商學院教授傑佛瑞·普費弗也評論說：「庫克不必成為賈伯斯，他需要成為最好的庫克。庫克明白自己擅長什麼，不擅長什麼。」

2014 年 9 月 10 日，在距離蘋果總部庫比蒂諾大約 2 公里的舊金山弗林特劇院，蘋果的工作人員正在為即將開始的 2014 蘋果秋季新品發佈會做著最後的準備工作。提姆・庫克也在這裡，不過他沒有和其他工作人員一起忙碌，而是一個人默默地坐在劇院的後臺，戴著他的白色耳機，聽著自己 iPhone 裡反覆播放的流行搖滾樂隊 One Republic 的一首歌，用這種方法讓自己平靜下來。

提姆・庫克最喜歡的，是這首歌的幾句歌詞：

「到了你起跳的時候，

「希望你不會害怕墜落……

「到了眾人高叫的時候，

「希望他們叫的是你的名字……」

如果說從賈伯斯手中接過蘋果公司 CEO 的位置，是提姆・庫克人生中「起跳的時候」，那他確實沒有「害怕墜落」，反而跳得更高；而到了 2014 年 9 月 10 日這一天，或許就是提姆・庫克人生中「眾人高叫的時候」，因為這一天，他將帶著真正屬於他

的偉大產品、一款全新類別的蘋果產品——Apple Watch，和蘋果最新的 iPhone、Apple Pay 等其他偉大產品一起，將蘋果推向一個新的創新高度，迎來更為強勁的輝煌。

那些渴望成功，渴望創造偉大的產品，但又不想成為「賈伯斯第二」，只願意做自己的人，你需要向提姆・庫克學習，學習他對創新的執著，對中國市場的重視，對偉大產品的專注，對合作的推崇，對簡單的專注，對產品體驗的重視，對錯誤的坦誠，對環保、人權的高度關注，最重要的是，學習他努力奮鬥、時刻為機會做好準備的精神。

庫克與賈伯斯合影

蘋果新世代 庫克王朝

蘋果新世代 庫克王朝

2010 年 5 月 14 日奧本大學畢業典禮上的演講
2011 年 8 月就任蘋果 CEO 致員工信
2012 年高盛科技與互聯網大會上的談話
2013 年高盛科技和互聯網大會上的講話
2014 年發文宣佈性取向

蘋果新世代 庫克王朝

第一章
不冒險嘗試新事物，就會錯過未來

必須要不斷創新。不創新，就只有死路一條。這也是深深植根於我們公司的一大文化。

——提姆・庫克

iPhone 仍是目前市場上最棒的智慧手機

1984 年,在加州庫比蒂諾市德安薩學院的弗林特劇院,29 歲的賈伯斯慷慨激昂地向世界宣佈:「今天,我們發佈第三個里程碑式的產品:麥金塔電腦。」1998 年 5 月 6 日,賈伯斯又在弗林特劇院向世人宣佈了他重回蘋果以來的第一件大作,也是一款將被證明是拯救蘋果公司的產品,那就是 iMac。

16 年後,蘋果 CEO 提姆 · 庫克在 2014 年 9 月 10 日再次登上弗林特劇院這個對於蘋果十分具有紀念意義的舞臺,用自信而緩慢的語調向世界宣佈:「今天,我們要為大家介紹一些奇妙的產品,從這個舞臺開始,在今天以後,你們都會認為這也會是重要的一天。……今天,我們要發佈,iPhone 歷史上最大的進步。我無比高興,無比驕傲,我要現在就向大家展示(播放 iPhone 6 的產品展示視頻),這些就是新的 iPhone:iPhone 6 和 iPhone 6 Plus,它們毫無疑問是我們做過的最好的 iPhone,我希望你們會同意,它們是你們見過的最好的手機!」

提姆 · 庫克此次發佈的新 iPhone 在外觀上有很大改觀:它尺寸更大,卻纖薄得不可思議。新 iPhone 6 分為兩種尺寸:4.7 英寸的 iPhone 6 和 5.5 英寸的 iPhone 6 Plus 是,而它們在厚度上則分別做到了 6.9 毫公尺和 7.1 毫公尺。要設計一款尺寸更大,卻毫無笨重之感的 iPhone,絕非小事。在蘋果的設計團隊看來,他們面臨

的最大挑戰，就是要想清楚到底什麼是「大」。當人們順理成章地認為「大」就是放大時，他們卻逆向思考，認為「大」就是「縮小」。縮小，就意味著要凝聚各種強大技術，比如做出更小的晶片、更薄的電池，同時還要讓它們的性能更為強勁；打造出最薄、最先進的 Multi-Touch 顯示幕……只有經過裡裡外外的打磨與測試，才能最終成就了令人難以置信的大銀幕薄設計。

此外，新 iPhone 的機身邊框也摒棄了 iPhone 4 和 iPhone 5 上的直角設計，而採用了圓弧設計，變得更加光滑圓潤，手感也更好。不過，蘋果為了提升拍照畫質，iPhone 6 及 iPhone 6 Plus 攝像頭均採用凸起設計，可謂是顛覆了蘋果一直以來引以為傲的設計美學。

在性能上，新 iPhone 自然也給用戶帶來必可不少的驚喜：首先是更大尺寸、更高解析度的全新 Retina HD 高清顯示幕，讓用戶體驗到更高的對比度，在更廣闊視角呈現更真切色彩的雙域像素，以及優化的偏振光片。

iPhone 6 配備的新一代 A8 晶片基於 64 位元桌上型電腦級架構，可提供更為強勁的動力，即使是驅動這樣一個更大的顯示幕也遊刃有餘。M8 運動輔助處理器則能透過包括全新氣壓計在內的諸多先進感測器，來高效測量你的活動狀態。因此，在更出色性能、更優異電池使用時間的合力之下，用戶將有充足的時間，專注於實現更多的操作。

越來越多的人喜歡用 iPhone 隨時隨地拍攝照片，因此新 iPhone 配備了擁有全新感測器的 iSight 攝像頭，它不僅在拍攝照片時出類拔萃，還能以 60fps 的速度錄製絢麗的 1080p HD 高清視頻，捕捉戲劇性的慢動作視頻，現在更首次讓你可以拍攝延時攝

影視頻。你只需設定好 iPhone，心中所想即可呈現眼前。

　　新 iPhone 擁有更快的 4G LTE 下載速度，以及更多 LTE 頻段支持，讓你感覺整個世界都觸手可及。而蘋果突破性的 Touch ID 技術則讓用戶安全流覽自己的 iPhone 時有了獨一無二的密碼——自己的指紋，甚至在 iBooks 和 APP Store 中下載或購買時，用戶也可用自己的指紋作為密碼。

　　iOS 8 更是了不起的先進移動作業系統，它以令人驚歎的全新功能和特性，將人們曾經只能想像的美好變為現實，比如使用 Siri 控制你家中的設備；利用健康和健身 APP 與你的醫生展開交流。不僅如此，開發者也擁有了更深入的資源和更多工具，能將 iOS 8 中一些妙不可言的全新功能融入到他們的 APP 之中，將 Retina HD 高清顯示幕的優勢極致呈現。

　　可以說，無論是新 iPhone 簡潔精緻的外形設計，還是軟硬體間的默契搭配，這一切，都讓 iPhone 新一代的至大之作，成為至為出眾之作。正如提姆‧庫克所說的那樣：「它們毫無疑問是我們做過的最好的 iPhone！」而市場也很好地證明了提姆‧庫克的話。iPhone 6 和 iPhone 6 Plus 這兩款大螢幕智慧手機在全球上市的首日，預訂量就超過 400 萬部，遠超蘋果公司的預期。而在中國工業和資訊化部於 2014 年 9 月 30 日宣佈 iPhone 6 獲得進網許可後，蘋果在中國的合作夥伴中國聯通的新 iPhone 預約開啟後兩小時，預約量就突破 60 萬臺，市場反應熱烈。

　　自 2007 年 1 月 iPhone 面世以來，就一直在引爆手機市場。即便是蘋果教父賈伯斯離開了人世，iPhone 也「仍然是目前市場上最棒的智慧手機」，這是為什麼呢？對於這個問題，提姆‧庫克

在 2014 年的蘋果發佈會上給出了答案：「iPhone 是世界上最受歡迎的手機，行業領先，用戶滿意，這些 iPhone 和之前的 iPhone 一樣，一次次地被認定為世界上最好的手機，最早的 iPhone 定下了標準，這個系列將永遠優異，在此後的每款 iPhone，我們都遵循原先的 iPhone 理念，但會更加努力地提升 iPhone 的水準。」

提姆・庫克認為，「我們一貫集中在相同的方面，即創造世界上最偉大的產品。我們認為，如果我們集中火力，繼續圍繞 iPhone 壯大整個生態系統，我們將能抓住絕佳的機會，佔領這個市場的優勢地位。」

有人曾對企業這樣分類：二流企業賣力氣，二流企業賣產品，一流企業賣技術，而超一流企業賣什麼呢？超一流企業賣標準。蘋果就是一個賣標準的超一流企業。賣標準的前提是創造標準，而創造標準不可或缺的就是要具有強人的創新實力，在創新實力上，蘋果可謂是當之無愧的王牌企業。蘋果在自己獨特的領域，掌握著別人不可替代的技術、標準專利權或全球化的市場能力，而正是這些組成了它的核心競爭力。

Apple Pay：我的目標是要取代你的錢包

2014 年 9 月的蘋果新品發佈會上，在介紹完最好的手機——iPhone 6 和 iPhone 6 Plus 後，提姆・庫克緊接著介紹了蘋果的一項全新服務——Apple Pay。Apple Pay 是一種基於 NFC 的手機支付功能，於 2014 年 10 月 20 日正式上線。

蘋果怎麼會想到開發這麼一種手機支付功能呢？

我們首先要從 NFC 說起。NFC 即 Near Field Communication，是一種近場通信技術，又稱近距離無線通訊，是由非接觸式射頻識別（RFID）及互聯互通技術整合演變而來，在單一晶片上結合感應式讀卡器、感應式卡片和點對點的功能，能在短距離內與相容設備進行識別和資料交換。由於 NFC 安全性較高，因此這一技術被認為在手機支付等領域具有很大的應用前景。目前這項技術在日韓被廣泛應用。手機使用者憑著配置了 NFC 晶片的具有支付功能的手機就可以行遍全國：他們的手機可以用作機場登機驗證、大樓的門禁鑰匙、悠悠交、信用卡、支付卡等。

在電子購物飛速發展的今天，一些企業早就已經將目光瞄向了移動支付這個尚未發掘的市場。比如世界科技巨頭谷歌，早早地就推出了電子錢包 Google Wallet，中國移動也推出了自己的手機錢包，只可惜谷歌和移動在手機領域沒有足夠的整合力和影響力，因此人們「出門購物刷手機」的美好願望一直未能真正實現。

作為科技創新行業龍頭企業，蘋果自然也注意到了移動支付這個巨大的潛在市場。支付環節是一項龐大的任務，提姆‧庫克清楚地知道這一點。只是在美國本土，人們每天在信貸方面都要花去 120 億美元，每年就要在信貸方面花去 4 萬億美元，而這些是由每天兩億筆的交易構成的，也就是人們每天刷了兩億次的信用卡。

在提姆‧庫克看來，刷信用卡支付帳單真是一個十分繁瑣的過程：先從包裡找出錢包，然後攤開錢包，從錢包裡抽出信用卡，遞給收銀員，收銀員或許還會驗看你的身分證來證明刷卡人的身分，刷卡完成後再把信用卡放回錢包，又把錢包放回包裡，整個過程需要耗時好幾分鐘。

而且，整個刷卡支付過程都依靠那麼一片小小的塑膠片，而無論是信用卡還是借記卡，都僅僅依靠一串顯露在外的數字，以及落後而脆弱的介面磁條，而這東西已經有 50 年歷史了，安全碼一點也不安全，持卡人很容易丟失卡片或遭受損失，因此人們十分期待出現新的替代產品。然而，儘管許多企業為此做出了努力，但它們都失敗了。

《紐約時報》曾評論說：「真正的移動錢包要經得住檢驗，但它仍是鏡中花水中月……它們中的大多數都令人失望，或在面對主流騙局時難以招架。」

為什麼會這樣呢？

在提姆‧庫克看來，之所以很多公司在美國從事移動支付都失敗了，是因為它們多數將時間花在思考如何建立商業模式，如何利用手機資料、擁有資料、銷售資料和貨幣化資料上。他們想

的是這些事情，而沒有思考人們「為什麼要用」的問題。也就是說，他們完全以自身利益為核心，關注的焦點並不在用戶的體驗方面。而眾所周知，用戶體驗是蘋果做得最出色的方面。

當然，蘋果也不是不考慮商業模式，而是在做好了用戶體驗後再考慮商業模式，

正如提姆・庫克自己所說的那樣：「因此我們開始想的是：用戶想要什麼？我們認為用戶其實不想帶錢包。為什麼你想這麼做？可不是為了好玩。我年輕時候帶錢包是為了裝相片，如朋友和家人的照片，時不時拿出來看一下。然而現在人們不會這麼做，手機可以儲存照片，錢包的部分功能轉移到手機上，但信用卡沒有，我們還是用塑膠卡片，即使有了解決方案，你還不會用，要找應用程式去啟動，還要授權，這很可怕。」

最重要的是，蘋果公司截至 2013 年總計擁有 5.75 億個 iTunes 帳戶，其中大多數帳戶都綁定了信用卡。而早在 2012 年 6 月，提姆・庫克就曾透露，蘋果擁有超過 4 億綁定了信用卡的 iTunes 帳戶，這也使這一 iTunes 成了全球擁有最多信用卡帳戶資訊的商戶平臺。

為了給龐大的蘋果用戶群提供更好的用戶體驗，提姆・庫克認為：蘋果公司理應為蘋果用戶提供一種更為安全且簡單的支付方式，於是蘋果創造了一種全新的支付程式，並將它起名為 Apple Pay！

在蘋果公司最新推出的 iPhone 6 和 iPhone 6 Plus 手機都嵌入了這項全新的支付業務 Apple Pay，為此蘋果公司創新地設計了頂部 NFC 無線電接收天線，因為 NFC 是各種無接觸支付的標準，加上

Touch ID 帶來的便捷，以及每支 iPhone 6 和 iPhone 6 Plus 中配備的新型安全元件晶片，它能對蘋果使用者所有的支付資訊進行安全地加密存儲，都讓蘋果支付變得既簡單安全又私密。

Apple Pay 到底有多簡單呢？眾所周知，蘋果公司的 iTunes 存儲帳戶裡有成千上萬使用者的信用卡和借記卡的綁定資訊，當蘋果使用者拿到新的 iPhone 6 時，他們可以選擇已經綁定的卡，而添加一張新卡也很容易，只要用戶將 iPhone 裡的 iSight 相機拍攝卡的照片，填上所有的資訊，前往銀行確認持卡人資訊，這樣就可以添加好新卡。而在使用時只要在手機上輕輕一點，就可完成支付，極為方便快捷。

提姆·庫克一再宣稱 Apple Pay 是安全的、私密的，這些是如何體現的呢？蘋果公司負責互聯網軟體與服務業務的高級副總裁艾迪·庫伊在蘋果發佈會上很好地回答了這個問題：

「我們將安全性整合進了硬體和軟體，這樣的方式只有蘋果做得到，因此當你添加一張新卡時，我們不會存儲新卡的卡號，也不會交給其他商人，我們創建只識別帳號的設備，並將其妥善存儲於 Secure Element 當中，而當你每次支付時，我們會使用一個一次性支付代碼，以及一個動態安全代碼，因此你不再需要塑膠卡上的靜態條碼，而且如果你的 iPhone 遺失或者被盜，你可以使用『尋找我的 iPhone』的功能，暫停從那支手機設備上的所有支付，而且因為信用卡資訊沒有被存儲在設備上，所以根本沒有必要取消信用卡。蘋果支付的核心是安全性，私密性也一樣重要，我們不會收集用戶的資料，所以當你去什麼地方使用蘋果支付，蘋果並不知道你買了什麼，在那裡買的和花了多少錢，交易盡在你、

商戶和銀行之間進行，而且收銀員看不到你的名字、信用卡號和安全碼，不像現在用塑膠卡那樣，所以蘋果支付精準、安全而且私密。」

當然，更重要的是，Apple Pay 在推出時就在美國擁有了龐大的支持隊伍：從三個大型信用卡和借記卡網路開始——美國運通、萬事達和 VISA 卡，還有美國六個最大的開證銀行，還有其他一些銀行，它們總共佔有美國信用卡消費的 83%，而且份額還會逐漸增加。跟美國最大的零售商合作也是蘋果的戰略，美國已經有 22 萬家商戶都支持蘋果支付，比如美國最大的百貨商店——梅西和布魯明戴爾，美國最大的藥店——沃爾格林和杜恩里德，美國最大的辦公用品公司——斯臺普斯，每天有 2700 萬顧客速食連鎖——麥當勞，美國最健康的雜貨店和有機食品領導者——WHOLE FOODS，地球上最快樂的地方——迪士尼樂園、迪士尼商店，還有蘋果自己的零售店以及塔吉特時尚零售線上（Target）、高朋網（Groupon）、絲芙蘭（Sephora）……越來越多的零售商開始支持 Apple Pay。

不過，光是支付更安全、更便捷、用戶體驗更好，就可以改變業已形成的支付體系嗎？

當然不行。

Apple Pay 要闖進移動支付這個領域，最少得保證不對支付鏈條上每個參與者造成傷害，即不能觸動其原有的利益分配格局，還要回報以更大的預期收益。蘋果與信用卡組織、與終端 POS 機商戶的談判籌碼，是巨量且優質的 iPhone 用戶，以及極低的 Apple Pay 移動支付實現成本：POS 機原本就有 NFC 功能，終端商戶沒

有新增任何成本。映射信用卡資訊，執行權杖匹配機制伺服器，接入信用卡網路，與技術改造相關，成本不是關鍵而是項目難度，大部分已由蘋果公司自己搞定，銀行和信用卡組織沒花什麼力氣，所以他們才樂意支持 Apple Pay。正是因為 Apple Pay 沒有顛覆原有的支付鏈條，而是盡量保持原有形態的情況下，僅僅新增一個環節（即蘋果）來強化這個鏈條，盡可能讓鏈條上每個參與者獲取比原先更大的收益，才能使得 Apple Pay 模式的移動支付一經推出就顯現出巨大優勢。

儘管美國也有諸如連鎖藥店 Rite Aid、零售藥店巨頭 CVS、11 萬線下門店加盟的零售商組織 Merchant Customer Exchange（簡稱 MCX）主動拒絕 Apple Pay，因為它們正在研發自主支付系統，準備獨佔移動支付的細分市場收益。但提姆‧庫克對 Apple Pay 充滿信心：「如果你的客戶喜歡你，你才能成為一家有影響力的零售商或商家。這是第一款，也是唯一一款易用、安全的私密支付系統。」

提姆‧庫克之所以對 Apple Pay 的前景有著極大信心，是因為這是他耗費 3 年時間精心打造的偉大產品。早在 2012 年的 WWDC（Apple Worldwide Developers Conference，蘋果全球開發者大會）上，他就推出了 Apple Pay 的雛形 Passbook，這是一款可以存放登機證、會員卡和電影票的工具，但當時除了蘋果沒有人知道它未來發展目標。

緊接著，2012 年 7 月，他收購了 AuthenTec（著名的指紋認證感測器和解決方案的提供商）的軍用級別強度的指紋識別技術，為 Touch ID 的推出做好準備。2013 年 9 月，他宣佈 Touch ID 正式

登陸 iPhone 5S，而且 Touch ID 被安裝在 iPhone 的 Home 鍵上，還使用了非常耐刮防擦的藍寶石材質來保護。

一進入 2014 年，提姆・庫克就開始與各大支付網路商、美國的銀行以及數百家零售商進行談判。到了 2014 年 9 月，謎底終於揭曉：新上市的 iPhone 6 和 iPhone 6 Plus 搭載 NFC 晶片，為 Apple Pay 的推出做好了準備。

而 2014 年 10 月 20 日，iOS 8.1 發佈，Apple Pay 隨著這個新的系統版本正式上線。而 Apple Pay 支付服務一經正式推出，就在 72 小時內有 100 萬張信用卡在該服務中啟動，使之成了最大的移動支付服務。

「支付時間到了，我們的目標是要取代你的錢包。」或許，提姆・庫克苦心打造的 Apple Pay 真的能取代我們的錢包，帶我們真正進入更快捷、更安全的移動支付時代。

人類不斷進行技術創新，發明各種各樣的工具，就是為了給生活帶來便利，這是創新的根本價值。

哈佛商學院終身教授麥可·波特曾說：「單純的、無明確目的的技術變革並不重要。標新立異是獲得成功的關鍵，就是找到為買方創造價值的途徑，增強自身獨特性，使企業獲得的溢價大於增加的成本。」創新工場創始人李開復也曾在《做最好的自己》中寫道：「許多人會認為創新最重要的元素是新穎，但我認為創新的實用價值更應著重考慮……我深深相信『需求是創新之母』這句話。」

「解決問題是最重要的」，一個產品最重要的是其實用價值而非其他，不管是純粹的有形商品還是純粹的無形商品或者是兩

者的混合，人們之所以選擇它就是為了解決問題。很多創新研究都強調創新的技術內涵而不是客戶真正體驗感受，但這種創新往往是毫無意義的。因此提姆・庫克一直都強調蘋果要做的是實用的創新。

Apple Watch：你很難想像一個好的設計是不時尚的

眾所周知，「we have one more thing」是賈伯斯在蘋果發佈會上的經典用語，這句話之後往往是蘋果公司的一個「重磅炸彈」產品，它會帶給蘋果用戶一個巨大驚喜。

提姆·庫克深知「we have one more thing」這句話的重大意義，因此他從不輕易說出這句話。然而，當他站在 2014 年的蘋果產品發佈會舞臺上，他卻堅定地說出了這句話：「we have one more thing……」

那麼，這句話之後，提姆·庫克丟出的「重磅炸彈」是什麼呢？它就是 Apple Watch。一想到要為大家介紹一款非同凡響的偉大產品，提姆·庫克就覺得無比興奮，無比自豪。他臉上綻放著自信的笑容，語帶激動但言辭流暢：「我們樂於製作出色產品，這真的能豐富人們的生活，我們樂於將軟體、硬體和服務無縫連接，我們樂於將科技做得更加個性化，讓我們的客戶做到想像不到的事情，我們已經努力工作了好長一段時間，來研發一種全新的產品，我們認為這項產品能重新定義，人們對這類產品的期望。我是如此興奮，也萬分自豪，我今天上午要跟大家分享下面這個蘋果的全新篇章，那就是它——Apple Watch！」

　　提姆‧庫克很少在蘋果發佈會上詳細介紹一款產品的功能，但在發佈 Apple Watch 時他卻滔滔不絕，對其特性如數家珍：

　　「Apple Watch 是我們創造的最個性化的產品，我們致力於做出世界上最好的手錶，它必須精準，它與國際標準時間同步，它的誤差不會超過 50 毫秒；它能進行高度個性化設置，你能找出反映你個性的方式，為讓你會佩戴著它，我們發明了親密的新方法，從你的手腕上直接連接和交流，它和 iPhone 密切配合，它也是綜合性的健康輔助工具。

　　「而且 Apple Watch 經過深思熟慮，因此帶來了真正非同凡響的創新，其中之一就是使用者介面，其實蘋果創造出來的每種革命性的產品，都為使用者帶來所需的使用者介面，我們的 Mac 電腦帶來了滑鼠，讓導航在個人電腦上變得輕而易舉，iPod 的 Click Wheel 讓用戶能在數千歌曲中流覽，一切盡在掌心，到了 iPhone，多觸碰讓我們能夠跟漂亮的圖片、視頻和音樂進行互動，還有每天我們都用到的資訊，蘋果手錶也需要有這樣的精心考慮，我們沒有做的是，把 iPhone 的介面縮小到錶面上，然後把它套到你的手腕上，螢幕太小了，使用者體驗會很糟糕，比如說我們用捏的手勢來進行圖像縮放，這就會擋住視線，看不清楚，肯定不好用，所以把手錶上已經用了幾十年的構件額外添加了功能。

　　「錶柄，它被稱為錶冠，在 Apple Watch 上叫數位錶冠，數位錶冠包括紅外線 LED 和圖片旋鈕，能把旋轉移動轉變成數位資訊，這一點你們不用理解，但它是非常簡單、優雅而且奇妙的導航裝置，我來舉個例子，回到地圖，在旋轉數位錶冠時，就會拉近或推遠，出現資訊單時，就能進行翻頁，所有這些都可以這樣完成，

如果你在某個應用裡，比如說在手錶應用裡，如果按一下數位錶冠，就會回到主螢幕，這一點估計和你們想的一樣。手錶當然要用來佩戴，全天的任何場合都可以佩戴，這是非常個性化的科技，同時又時尚而有品味，它是材料與軟體和科技相結合，我們不僅考慮到了功能，還考慮了外觀，Apple Watch 有奇妙而豐富的設計庫。」

在發佈會中，提姆・庫克對 Apple Watch 毫不吝惜讚美之詞：「能夠把這些健康功能應用到 Apple Watch 上，我們感到無比激動，Apple Watch 要求有深層創新，它是精準的時鐘，同時又有個人訂製的性能，它以新的革命性的親密的方式直接從你的手腕獲取資訊，是一款綜合的健康監測設備，而且還不止這些？……我們認為人們將會喜歡用 Apple Watch，將會喜歡戴 Apple Watch，因為它功能強大，而且非常漂亮，它給人力量，豐富他們的生活，Apple Watch 是蘋果公司創造的最人性化的產品，有 Apple Watch，我們很激動，希望你們有同樣的感受！」

對於 Apple Watch 這樣一款真正由自己領導創造出的偉大產品，提姆・庫克確實有足夠興奮的理由。在提姆・庫克看來，Apple Watch 將進一步消除外界對他的質疑，也將進一步證明他領導蘋果的能力。當記者問提姆・庫克：「你對昨天的發佈會作何感想？」提姆・庫克的回答就很好地體現了這一點：「實際上我想的是蘋果做得如何，昨天每個人都知道庫比蒂諾（蘋果總部所在地）的創新力依然未減，以前的懷疑都煙消雲散了。我認為以前就不應該懷疑，當然我們也沒懷疑自己，我們一直在開發這些產品。」

確實，早在 2011 年賈伯斯去世後不久，「可穿戴」剛剛成為矽谷的流行語時，智慧手錶項目就已經在蘋果實驗室裡啟動了。提姆・庫克把這個項目的設計工作交給了蘋果公司最富有才華的設計師喬納森負責。

喬納森曾表示這是「他做過的最困難的項目之一」，原因包括工程技術上的複雜性，以及對手錶與人體之間全新互動模式的需求，不過 Apple Watch 是蘋果第一款外觀更貼近過去而並非未來的產品這一特點，就足夠讓喬納森心動了。為了創造出真正的智慧手錶，提姆・庫克為喬納森的團隊邀請了一連串手錶歷史專家來庫比蒂諾做演講，討論的話題包括「蘊含在計時工具中的哲理」。

但業內人士對此並不看好，比如參與蘋果演講的法國作家多明尼克・弗雷舒就認為 Apple Watch 或許沒有某些經典瑞士手錶那樣的永恆魅力：「技術變革很快就會讓 Apple Watch 變得過時。」

為了反駁業內人士的質疑，喬納森研究起了鐘錶的歷史：鐘錶由城鎮中心塔樓上，逐漸縮小到皮帶扣上、變成了項墜甚至被放到褲袋裡，最終到了手腕上（據說一開始是為了方便船長一邊掌舵一邊看時間），從此就再也沒換過位置，可見手腕正是這項技術的理想歸宿。

解決了外觀上的問題，技術上的問題又來了。喬納森最初的計畫是把 iPhone 縮小到蘋果的智慧手錶上，但後來他發現這樣行不通，因為手錶螢幕太小，照搬蘋果在 iPhone 上發明的捏放觸控技術，手指就會擋住螢幕。在多番嘗試後，喬納森才最終找到了解決辦法：嘗試採用最終成為 Apple Watch 標誌性功能的旋鈕——

數位錶冠，也稱數位旋鈕。

在傳統手錶上，旋鈕是用來上發條或設定時間的；而在 Apple Watch 上，用戶可以透過按壓或旋轉該旋鈕返回主螢幕、放大或縮小，以及在應用之間滾動切換。

在提姆・庫克看來，智慧手錶不僅要功能強大，還必須要時尚。他的理由是：「對於蘋果來說，設計一直是我們至關重要的一點，我們花了很多時間確保設計是精確和完美。就可穿戴設備而言，實際上設計和時尚感這兩個概念是密不可分。你很難想像一個好的設計是不時尚的，一個好的設計必然是時尚的。所以說，這兩者其實是相輔相成的，我不認為應該把蘋果稱為一個時尚的品牌，但是由於我們非常重視設計，所以，自然而然我們設計出來的產品就非常時尚了。」

為了體現出手錶的時尚感，喬納森的團隊對細節的設計投入了巨大的熱情：設計出了 3 款不同材質的手錶，以及 7 款各具特色的錶帶；不必借助專門工具，只需按下兩個按鈕，就能卸下一款不鏽鋼錶帶；手錶的包裝同時可以當充電座使用，佩戴者把手錶放在錶盒裡的一塊感應磁鐵上即可進行充電。

對於 Apple Watch 最後呈現出的時尚感，提姆・庫克十分滿意：「我們在推出 Apple Watch 時就有不同的風格，從錶帶到軟體，可以形成幾百萬種組合。其他公司就沒有理解這一點，比如有些公司的眼鏡產品就非常糟糕，沒有人願意戴。因為這些公司不懂時尚，也沒有接觸過時尚。」

2013 年夏天，由於市場擔心蘋果缺少能促進增長的新產品，蘋果股價較歷史高點下滑了 40%。於是，提姆・庫克準備加速手

錶項目，他將手錶項目交給了負責營運的高級副總裁、51 歲的傑夫‧威廉斯。威廉斯是庫克手下的一員得力幹將，負責審查潛在收購、協調與富士康和其他製造商的合作，以及監管將千百萬臺設備從亞洲工廠運往世界各地零售店的物流工作。威廉斯因為和庫克有著許多共同點，比如高個子、語調輕柔、熱愛健身，對營運細節記憶力驚人、擁有杜克大學 MBA 學位、早年都曾經為 IBM 效力，在蘋果公司甚至被稱為「庫克的庫克」。

和開發麥金塔和 iPhone 的小型團隊不同，Apple Watch 在蘋果公司內部並沒有特別嚴格的保密，因為該團隊由數百名工程師、設計師和市場行銷人員組成，是一個統一由庫克領導的跨公司、跨學科團隊。蘋果的晶片設計師為 Apple Watch 設計了專用晶片；曾為 Mac 和 iPhone 研製外殼的冶金學家為高端型號做出了更堅固的金基合金外殼；蘋果的演算法科學家還研究了提升了心率感測器精度的方法。

不過，最讓提姆‧庫克喜愛的還是 Apple Watch 的健康管理功能：「蘋果創造出色的產品，豐富人們的生活，無可爭議地說，我們能用 Apple Watch 把這一方面帶上全新高度，多進行些身體活動，是提升健康狀況的最佳辦法之一，而 Apple Watch 能激勵人們做更多活動，變得更健康，如果你想稍微多活動一點，或者是你只想更好地記錄一天中都做了什麼，或者你會定期鍛鍊，甚至你是非常認真的運動員，Apple Watch 都能讓你過得更好。」

為了帶給蘋果用戶更好的體驗，提姆‧庫克還決定將智慧手錶延遲數月發售，因為他希望給開發者多一點時間去開發 Apple Watch 相關的應用程式，這樣到 Apple Watch 出貨的時候，就會有

軟體供 Apple Watch 的使用者來使用。

　　總之，在提姆・庫克眼裡，Apple Watch 是幫助佩戴者管理健康，改善佩戴者日常生活，遠端遙控電視、家電及與好友保持線上聯繫的最佳工具。但他也清醒地認識到：「這是一段超長征程的開始」，也正如喬納森所說的：

　　「我想我們處於一個不可抗拒的開端——真正開始設計可穿戴的科技，真正做到個性化！」

　　2014 年 11 月，美國《時代雜誌》公佈了年度 25 大最佳發明，蘋果智慧手錶 Apple Watch 毫無意外進入名單。Apple Watch 上榜的理由是：

　　「大多數智能手錶已經證明純屬雞肋：它們試圖濃縮手機的使用體驗，結果卻難以令人滿意。相比之下，蘋果手錶體現了全新的手腕電腦理念，利用新穎的介面把觸控式螢幕與物理按鈕結合到一起。除了具備鐘錶功能外，蘋果手錶還可以發送資訊、導航、追蹤鍛鍊情況及進行無線支付。」可見，對於蘋果公司的又一款全新類別產品，可謂是萬眾期待。

　　現代商業邏輯講究差異化、個性化，所以創新也必須突出個性氣質。好的創新不是「內在美」，而是能讓人一眼就看出來與眾不同的獨特性。

　　對企業創新的研究表明，在企業初生期很多創新活動往往有86%的精力用在「紅海戰略」上，僅有14%用在「藍海戰略」上——探索未開發的市場或科技；到了企業利潤顯著成長的階段，則有62%精力用在紅海，38%用在藍海；最後在企業明顯獲利的階段，往往把更多的精力投注在未開發領域的探索，此時花費在紅海的

精力僅有 39%，而用在藍海的則高達 61%。

　　由此可見，創新要取得更大的成功，必須由血流成河的紅海競爭轉向碧海藍天的藍海競爭。蘋果正是由於在創新上做到了「人無我有，人有我優，人優我特」，才能成為全球領先的創新企業。

我並不喜歡做業餘愛好，但我會堅持 Apple TV

在 2006 年的蘋果產品發佈會上，賈伯斯在宣佈了 iPod 全系列的升級，以及 iTunes 商店當中很快會銷售電影之後，帶來了發佈會上的最後一款產品：「最後這樣東西對於我們來說有點不尋常，這是對於明年一季度一款產品的一次窺探。在將產品推向市場之前，我們一般都會進行嚴格保密，但這一次，我認為它會讓整個故事顯得更加完整。」

賈伯斯口中的「故事」其實就是蘋果未來的發展規劃——建立一個更加完整的生態系統，讓消費者透過三塊主要的螢幕——電腦、可攜式音樂播放機和電視，來獲取到自己的娛樂內容。電腦方面，蘋果已經有了 Mac，可攜式音樂播放機方面，蘋果已經有了 iPod，而在電視方面，蘋果還沒有相應的產品，於是賈伯斯計畫發佈一款機上盒，它在展示當中被稱作 iTV，也就是後來的 Apple TV。

Apple TV 是由蘋果公司推出的一款高畫質電視機上盒產品，使用者可以透過 Apple TV 線上收看電視節目，也可以透過 Airplay 功能，將 iPad、iPhone、iPod 和 PC 中的照片、視頻和音樂透過傳輸到電視上進行播放。

2007 年 1 月 9 日，蘋果公司正式發佈 Apple TV，但直到 2007 年 3 月 21 日，Apple TV 才正式出貨，並在同年的 5 月 31 日推出了

Apple TV 的 160GB 版本。到了 2010 年 9 月份，召開秋季現場發佈會時，蘋果公司又發佈了新的 Apple TV2，採用全新設計和搭載新的 A4 處理器，支援 720p 視頻播放。

對於 Apple TV，賈伯斯抱有很大的期望：「我們認為 Apple TV 會變得相當流行。」「我們希望 iPhone 成為我們椅子下的第三條腿，而也許有一天，Apple TV 將會成為第四條腿。」

然而，現實與賈伯斯當初的設想有一點偏差：iPhone 可不僅僅成了蘋果的「第三條腿」，更是蘋果公司收益最高的產品；而 Apple TV 則不僅沒有成為蘋果的「第四條腿」，而是成了蘋果的一項「業餘愛好」。直到 2010 年的第一週，Apple TV 的銷量才達到 100 萬部，而在相同的季度裡，iPhone 就創造了超過 1600 萬支的銷量，這也難怪它會被賈伯斯稱為「業餘愛好」了。

然而，對於 Apple TV 這項並不成功的「業務愛好」，提姆·庫克卻並不打算放棄它，因為他看到了 Apple TV 的潛力在一點點地進行著增長。

2011 年，蘋果售出了約 300 萬部 Apple TV，這個數字可是前 3 年總銷量的 3 倍。因此，提姆·庫克在 2012 年的一次會議上清楚地表示：「現在，它不是椅子的第四條腿了。正如你們所瞭解的，我們並不是一家喜歡從事業餘愛好的公司……但我們會堅持 Apple TV。」

於是，2012 年 3 月，蘋果公司發佈了 Apple TV3，外形不變，搭載全新 A5 處理器，支援 1080p 視頻播放。新機器的發佈大大地提升了 Apple TV 的銷量，因為到了 2013 年 5 月，Apple TV 的總銷量達到了 1300 萬部。而到了 2014 年 4 月，Apple TV 的總銷量更是

達到了 2000 萬部，這清楚地證明了提姆・庫克的堅持是正確的。

對於 Apple TV 這樣一個年收入已經超過 10 億美元的產品，提姆・庫克覺得將這一業務稱之為「愛好」已經不再合適，因此他在 2014 年 2 月份的蘋果股東大會上清楚地表示：「對我而言，把一款銷售額達到 10 億美元的產品稱作是『業餘愛好』並不合適，同樣從投資的角度來看，我們會繼續把這款產品做得越來越好。」

2014 年 8 月 5 號，蘋果推出了全新 Apple TV 測試版軟體，新版 Apple TV 測試版包含了備受期待的使用者介面更新。全新使用者介面包括新圖示，風格上與 iOS 7 類似，採用扁平、無高光設計風格。音樂、電腦和電視節目等圖示採用了新顏色，另外，螢幕上的字體也有更新。Apple TV 測試版還加入了全新家庭共用功能，並開始支持 iCloud 照片。

2014 年 11 月，美國專利商標局（USPTO）公佈了蘋果申請的「媒體系統中使用 3D 遠端控制器滾動顯示物體」的新專利，該專利可以讓使用者透過類似「遠端魔棒」的動作控制電視的使用者導航介面。

蘋果公司認為，目前的控制方式——物理按鍵和觸控螢幕介面都不是很有效率，也不直接，會引起用戶混亂，因此蘋果公司開始探索解決方案。業界人士猜測這可能預示著蘋果正在徹底改變 Apple TV 的用戶體驗：結合蘋果在 2013 年花 3.45 億美元收購了感測器廠商 PrimeSense（在傳感輸入技術領域擁有領先地位），部分業界人士猜測未來的 Apple TV 很有可能使用手勢操作。

2014 年 6 月的 WWDC 大會上，蘋果公司推出了智慧家居平臺 HomeKit，可以讓用戶透過 Siri 控制家中的一切智慧家居設備——

比如電視、電燈、電冰箱等。而蘋果在 Apple TV 的固件更新當中加入了對 HomeKit 的支持，因此有專業人士猜測，Apple TV 將負責與所有支援 HomeKit 的家居設備保持「對話」，也就是說使用者終端只需要連接一部 Apple TV 就連通了整個智慧家居。

為什麼一些業內人士會認為 Apple TV 將在智慧家居平臺當中扮演重要角色呢？很大的原因是蘋果一直都努力「攻佔」人們的客廳，雖然他們目前只有一款 Apple TV 可以稱得上家居娛樂設備，但是隨著 Apple TV 的市場越做越大，其功能也越來越完善，家庭用戶在這方面花費的時間也會越來越多。此外，還有媒體聲稱蘋果將會為 Apple TV 推出訂製遊戲手柄，以便使用者在 Apple TV 平臺體驗上機遊戲的樂趣。一臺集遊戲、軟體以及影視為一體的設備，光是想想就足夠讓人心潮澎湃了。

然而，蘋果一直沒有推出新的 Apple TV，也拒絕提供關於 Apple TV 的資訊。在提姆·庫克看來，蘋果所做的最艱難決定就是「不去進入哪些領域」。而當被問及 Apple TV 是否屬於此列時，提姆·庫克明確地否認了：「智慧電視是我們繼續有極大興趣進入的領域之一。目前，電視行業仍然停留在上世紀 70 年代的發展水準。想想看你現在的生活發生了多大的改變，你身邊的一切都已經發生了改變。可是當你坐在客廳打開電視，就像是穿越了一樣。使用者介面太難看了，令人難以忍受……」

然而，當被問及蘋果為何不出面解決這些問題時，提姆·庫克卻明顯不想談太多：「我不想談我們未來會做什麼。我只能說，我們在 Apple TV 採取了行動，如今 Apple TV 的使用量已經達到兩千多萬，我們的這個興趣還是很有前景的。今年我們往 Apple TV

添加了更多的內容，其用途就更多了。總而言之，這是我們繼續探索的領域。」

看來，要知道 Apple TV 在未來將為我們帶來哪些驚喜，只有等到蘋果公司發佈消息的那一天了。不過，我們相信在提姆・庫克的堅持下，蘋果公司一定能實現賈伯斯的遺願：「我想開發一款能夠非常簡單易用的一體化電視機，它可以與你所有的電子設備及雲服務 iCloud 保持無縫同步；它將擁有你能想像到的最簡單的使用者介面。」

現在的商業競爭已經不僅是單純以技術創新取勝，能夠建立行業標準是做大做強的關鍵。現在有一個詞叫商業模式，如果你能創立一種新的商業模式，那麼你就擁有了掌控一個行業的力量。提姆・庫克之所以要堅持 Apple TV，就是因為它是一個潛力巨大的商業模式。一種商業模式就是一種生活方式，建立一種生活方式並推廣開來，其產生的作用是巨大的。

要知道，在一個企業眾多的「價值活動」中，並不是每一個環節都能創造價值。企業所創造的價值，實際上來自企業價值鏈上的某些特定的價值活動；這些真正創造價值的經營活動，就是企業價值鏈的「戰略環節」。企業在競爭中的優勢，尤其是能夠長期保持的優勢，說到底，是企業在價值鏈某些特定的戰略價值環節上的優勢。

而行業的壟斷優勢來自於該行業的某些特定環節的壟斷優勢，抓住了這些關鍵環節，也就抓住了整個價值鏈。這些決定企業經營成敗和效益的戰略環節可以是產品開發、工藝設計，也可以是市場行銷、資訊技術，或者認知管理等等，視不同的行業而

異。

　　所以，我們在創新中要明白創造新的商業模式的重要性，抓
住了商業模式，就是抓住了一種行業的標準，而建立標準是現代
競爭中核心的競爭力。

iBeacon 技術，開啟蘋果又一個超級系統

你是否想像過這樣的場景：

當你走進商場的時候，你手機中的購物清單會自動轉化成一張個性化地圖，並為你推薦最值得買的商品；

當你站在一場音樂會門口的售票機前時，你拿出手機便可以一鍵完成門票的購買；

當你走過當地的一家小餐館、酒吧時，你可以在無須使用現金的情況下便完成付費、甚至給予小費；

在沒有信號的地下停車場，你的手機就清楚地告訴你哪個地方有空車位，甚至在龐大的地下停車場自動導航；

一走到家門口，門就會自動打開，所有的家電都感應到主人回來了，主人在樓下的時候空調就自動變成了主人習慣的溫度；

在沒有任何網路的情況下，你也能輕鬆控制數百公尺外甚至更遠處燈泡的關閉和開啟；

⋯⋯⋯⋯⋯

隨著移動應用的快速發展和人們生活節奏的日益加快，越來越多的人已經習慣使用手機應用優化自己的日常生活，尋找便捷服務。提姆・庫克認為，豐富人們的生活是蘋果製造產品的宗旨，因此為了讓人們擁有更快捷、更便利的生活，蘋果公司在 2013 年 WWDC 大會上推出了 iBeacon。iBeacon 推出後不久，蘋果公司就

在全美 254 家蘋果零售店部署了 iBeacon 基站，當蘋果用戶走進蘋果零售店，iBeacon 基站便與用戶的 iPhone 或 iPad 互動，為使用者提供資訊說明。

什麼是 iBeacon 呢？iBeacon 是一項類似於 NFC 的短距離資料傳輸技術。透過使用低功率藍牙技術（即藍牙 4.0），iBeacon 基站可以創建一個信號區域，當設備進入該區域時，相應的應用程式便會提示使用者是否需要接入這個信號網路。透過小型無線感測器和低功率藍牙技術，用戶便能使用 iPhone 傳輸資料。當用戶拿著手機進入 iBeacon 的範圍時，手機中的 APP 將會被喚醒，這樣手機就可以感知到用戶的地理位置發生了變化，判斷是否要觸發一些事件。可以說，只要是跟人在室內有關係的互聯網活動：室內導航、移動支付、店內導購、人流分析……iBeacon 都能帶給你更快捷、更豐富的生活。

比如，在一家安裝了 iBeacon 裝置的智慧酒店，當客戶到前臺準備辦理入住手續時，iBeacon 裝置就會檢測到客戶的預定資訊，客戶不用排隊便能辦理手續直接入住；進入酒店房間後，iBeacon 裝置又檢測到手機信號，向客戶推送酒店的各種服務資訊，如 Wi-Fi 密碼、泳池開放時間等；到了用餐時間，iBeacon 裝置又會告知客戶今日有什麼特色食物、折扣情況等。如此貼心的服務，誰不想擁有呢？

在安裝有 iBeacon 裝置的商場，根據使用者的位置，零售商可以提供特價優惠或是監控用戶的活動。當然，除非用戶在手機上安裝了相應的 APP，並且同意流覽，否則零售公司無法看到使用者的資訊。

　　而且，和蘋果以往產品的封閉性不同，iBeacon 是開放性的，除了蘋果自己的 iOS 設備外，其餘廠商的設備甚至採用安卓系統的設備只要搭配相應的軟硬體也可以使用 iBeacon。業內人士猜測，蘋果開放 iBeacon 的原因，可能是因為提姆‧庫克認為蘋果目前還沒有足夠的能力來獨自推廣 iBeacon。

　　對於這樣一種極具商業前景的新技術，零售業的巨頭們自然不會忽略。

　　比如，英國樂購超市就正在進行 iBeacon 測試：向那些正在店內挑選貨物的消費者發送資訊，正在推動樂購設計出一種個性化的購物 APP，幫助消費者精確定位貨物在店內的位置。購物應用 Shopkick 與美國梅西百貨公司也共同合作在商場中佈局 iBeacon 技術，已經在位於紐約市和舊金山的兩家梅西百貨開始測試 iBeacon 系統。只要顧客在手機上安裝了 Shopkick 應用，一走進這兩家百貨商店，就能立即獲得問候提醒，並接收到商家正在進行的促銷活動資訊，當人們走近某件商品時，也可以同步在手機看到產品的介紹及優惠資訊。

　　對於那些事先在家中用手機登錄梅西官網挑選好某款商品的顧客，一旦進入梅西實體店，相關應用便會自動提醒消費者選好的商品的具體位置。可見，透過 iBeacon，零售商能更精確地掌握用戶在店內的位置、追蹤庫存和客戶需求，提供更具針對性、個人化的購物服務，增加銷售額。

　　除了零售業以外，iBeacon 還可以應用於其他領域，發揮更大的價值。比如，美國舊金山機場就於 2014 年 8 月開始測試基於 iBeacon 的盲人室內導航系統，旨在方便盲人搭乘飛機。這套系統

使用蘋果的 Voice Over 技術，將推送到 iPhone 上的消息讀出來，告訴使用者前方是否需要轉向或者是否有什麼障礙，以及登機口、服務臺、洗手間在哪裡。同時，系統還會給使用者提供視覺線索，方便使用者室內導航，方便使用者找到最近的充電插座或者咖啡店。此外，這套系統也能根據使用者的位置，推送一些針對普通用戶的促銷活動和相關資訊。

和 NFC 相比，iBeacon 具有兩大優勢。第一個優勢是距離優勢，NFC 技術的理論有效距離只有 20 公分，而最理想的使用距離只有 4 公分，範圍可謂非常之小；而借助基站，iBeacon 的資訊傳輸距離可達 50 公尺左右，即使目前 Estimote 公司推出的 iBeacon 基站效果最好的使用距離是在 10 公尺範圍內，那麼 iBeacon 的覆蓋面積也可達到上百平方公尺，將整個家庭環境囊括其中完全不成問題。

第二個優勢是成本優勢，NFC 技術的實現需要配備價格不菲的內部元件，而 iBeacon 把主要的功能放在了公共環境中的外部設備上，只需借助目前智慧產品中普遍存在的藍牙技術，即可實現與 NFC 相似的使用效果，幾乎是所有智慧手機都能用，極大地增強了 iBeacon 的適用範圍。

從全域的角度來看，iBeacon 並不僅僅是一個單純的產品，而是一個解決方案，其中的核心內容包括了硬體、軟體以及應用模式。提姆‧庫克將 iBeacon 視作蘋果未來的重點發展方向之一，希望借助其奪得在剛剛興起卻發展潛力巨大的室內定位、服務市場中的話語權，因此蘋果接下來的每一步似乎都在建立基於 iBeacon 技術的生態圈。

在 2013 年推出 iBeacon 技術後，蘋果公司在 2014 年 WWDC 大會上再次改進了 iBeacon 技術，並著手開始籌劃基於此技術的硬體設備，為蘋果公司大舉進軍智慧家居市場做準備。2014 年 7 月 4 日，美國聯邦傳播委員會公開了蘋果設計的 iBeacon 設備的認證申請文件。這份資料顯示蘋果的 iBeacon 設備的正式名稱是「Apple iBeacon」，外觀呈圓形，集成 USB 介面，底部有專用的開關，由一個 5 伏特電源供電，工作頻率為 2.4GHz 的無線頻率。這極有可能就是蘋果自己的 iBeacon 基站。

蘋果公司在 2014 年還推出了智慧家居平臺 HomeKit，允許 iPad、iPhone 和 iPod touch 等 iOS 設備連接到家用電器，如中央空調、車庫門和門鎖等，iBeacon 的定位技術也可以幫助蘋果用戶更好地使用 HomeKit 技術。

此外，在蘋果公司 2014 年推出的全新產品 Apple Watch 也採用了 iBeacon 技術，這點已經從提姆・庫克口中得到確認：「當然，我們在智慧手錶中採用了 iBeacon 技術，很多人忽視了這一點。這種技術已應用於我們的零售店中。你可以想像，未來的連接將會變得很有意思。」

還有媒體報導，蘋果在 2014 年制定了一個宏大的計畫，利用全球海量用戶手中的 iPhone，以及實體建築內分佈的 iBeacon 硬體設備，進行室內地圖繪製工作。

儘管 iBeacon 目前的表現比蘋果公司的其他產品遜色很多，但它快速增長的用戶量，讓我們有理由相信：iBeacon 是蘋果公司建立的又一超級系統，它的未來甚至可能比 APP Store 更有發展空間。要知道，僅蘋果設備而言，全球就有近 2.5 億臺設備可以作為

iBeacon 的信標或信標的目標客戶，加上現今絕大部分新款安卓智慧手機都支援 BLE 技術，這也為 iBeacon 技術的運用打下了基礎，由此可見 iBeacon 的推廣和普及的基石可謂是堅固、深厚。在蘋果公司及眾多研發、製造廠商的推動下，iBeacon 或許真的能將人們的生活帶入一個全新的時代。

iBeacon 技術的推廣，很好地體現了一點：身為蘋果公司的 CEO，提姆‧庫克具有極強的超前意識。超前意識是什麼？超前意識就是謀劃久遠。一個企業要想有更好的事業發展，就必然要看清潮流，超前思考，掌握發展趨勢，確保自己決策的前瞻性。假如企業對發展思路、目標都不明確，對發展趨勢不敏感，不善於長遠思考、規劃未來，就會從走彎路到走下坡路，又談何發展呢？

凡事預則立，不預則廢。每個人的發展都離不開外部環境，而環境又是不斷發展變化的，當前，員工之間的競爭異常激烈，不僅是知識技能的較量，同時也是行動與速度的對抗，俗話說「搶先一步贏商機」，如果不善於謀劃未來，只是鼠目寸光，關注當前，就會失去未來潛在的效益。

蘋果新世代 庫克王朝

第二章
中國是蘋果的福地，我將瘋狂投資

說到中國，我看到一個龐大的市場。那裡越來越多的人進入中產階級行列，其速度超過地球上的任何國家。而這個市場中，許多人購買我們提供的最新技術和產品。為此我們也像瘋了似的向這個市場投資。

——提姆‧庫克

中國成為蘋果最大的市場只是時間問題而已

2014 年 10 月 22 日，提姆‧庫克第五次訪華，在接受媒體採訪時，他明確地表示：「未來蘋果會擴大在中國的投資，中國在各個方面對蘋果都非常重要，未來中國將成為蘋果最大收入貢獻國，這只是一個時間的問題。」

提姆‧庫克之所以如此看好中國市場，在於他看到了中國市場在這幾年有很大的變化。正如他自己所說：「每次到中國來我都覺得很有收穫，都能夠感受到很多不一樣的變化，所以說每次來到中國我都覺得非常興奮。我相信未來，中國將成為蘋果最重要的市場，將成為蘋果收入最大的貢獻國。我不知道具體會在什麼時候發生，但是我相信現在已經有一個非常好的基礎，在未來中國成為蘋果最大的收入貢獻國只是一個時間的問題。」

提姆‧庫克看到的第一個變化，就是蘋果的員工數量在不斷地增加。在大中華區，蘋果一共有 7000 多名員工，在中國有 15 家門市，服務眾多的使用者。而且在中國的門市可以說是全球最繁忙的蘋果零售店，北京的四家零售店，每週會服務 75 萬名的消費者，這充分說明中國的消費者對於蘋果的產品也是越來越感興趣。

提姆‧庫克看到的第二個變化，就是蘋果在不斷擴大與中國合作夥伴之間的合作，比如說 2014 年年初，蘋果和中國移動建立了合作夥伴關係，同時和中國聯通的合作夥伴關係也在不斷地發

展。在蘋果的作業系統中，還添加了很多具有中國特色的功能，比如說集成了像百度、新浪的一些功能，這些都是使用者非常喜歡的服務。

正是出於看到了中國市場的這兩大變化，提姆・庫克才大膽放話：「未來我們還會在這方面做出更多的努力，因為在過去這幾年，應該說中國市場發生了很大的變化，未來我們也會繼續擴大在中國的投資。」

在提姆・庫克看來，中國市場在各個方面來說，包括需求、供應、人力資源等等方面，都是蘋果至關重要的市場。正是因為看到了中國市場對蘋果的重要性，提姆・庫克才在2012—2014年的短短3年時間裡，以蘋果公司CEO的身分頻繁地五次訪華。

提姆・庫克以蘋果公司CEO的身分第一次訪華，是在2012年3月27日，其行程主要是：會見中國國務院副總理李克強，訪問中國聯通總部，會談中國聯通集團董事長常小兵、副總經理李剛等領導，到訪中國電信總部，約見中國電信集團董事長王曉初，參觀和體驗北京西單大悅城蘋果零售店。在業內人士看來，對於一向以高傲示人的蘋果來說，提姆・庫克這次到訪中國可以理解成為是向中國市場示好，同時也為此前賈伯斯對中國市場並不重視的態度補補課，當然更重要的是為蘋果新版iPad掃清商標以及其他障礙。

提姆・庫克以蘋果公司CEO的身分第二次訪華，是在2013年1月9日，其行程主要是：拜訪中國工信部部長苗圩，討論了中國IT產業和全球移動通信市場的現狀，以及蘋果在中國業務未來的發展；先後走訪中國聯通、中國移動和中國電信，與其高層秘

密會談。

在第二次訪華時，提姆・庫克首次接受了中國媒體的採訪，並明確表示：「中國現在是蘋果全球第二大市場，我相信在未來一定會成為蘋果的第一大市場。我不能準確地預測是什麼時候，但是我對中國會成為蘋果世界第一大市場是深信不疑的。」同時，提姆・庫克發現零售店在中國是至關重要的，因為這個零售店能夠給客戶提供最優質的服務，而且更重要的是能夠為這個產品和服務制定一個黃金標準。

同時，提姆・庫克還公佈了蘋果關於中國零售店的計畫——蘋果計畫在中國開設的零售店遠遠大於 25 家，當時在大中華區包括香港地區一共有 11 家零售店。提姆・庫克對此的解釋是：「過去曾經說過某一個時間計畫開 25 家店，但是自從我們開設了第一家零售店之後，發現這個零售店的面積應該更大，這樣才能服務更多的中國消費者，給他們提供更好的服務。所以說未來的數量肯定會超過 25 家。」

提姆・庫克以蘋果公司 CEO 的身分第三次訪華，是在 2013 年 7 月 30 日，其行程主要是：密會中國電信高層，會談中國聯通和中國移動高層。業內人士分析認為，庫克此次訪華的最主要目的，是進一步拉近與營運商之間的合作關係，並尋求儘快實現與中國移動達成合作協定，扭轉蘋果目前在華業績下降的情況。因為根據蘋果公司之前發佈的 2013 財年第三季度財報顯示，其在大中華區的業績大幅下降。財報顯示，蘋果第三財季在大中華區（中國大陸、香港和臺灣）營收為 46.4 億美元（計入零售收入為 49 億美元），同比下降 14%，環比大幅下降 43%。

　　提姆・庫克以蘋果公司 CEO 的身分第四次訪華，是在 2014
年 1 月 8 日，其行程主要是：與工信部部長苗圩和中國移動董事
長奚國華會面，目的在於提前為中移動 iPhone 系列產品造勢外，
還對與中國的商業合作表現出極大熱情。同時，提姆・庫克還透
露，蘋果將在北京投資建設研發中心，還將在中國建設 APP Store
應用商店資料伺服器及 iTunes 伺服器，這將大大改善中國蘋果用
戶的使用體驗。

　　提姆・庫克以蘋果公司 CEO 的身分第五次訪華，是在 2014
年 10 月 22 日，其行程主要是：會見了國務院副總理馬凱，雙方就
加強資訊通信領域合作、保護使用者資訊安全等問題交換了意見；
到訪了鄭州的富士康廠區，親自為 iPhone 6 的生產督戰；作客「2014
清華管理全球論壇」，與清華大學經管學院院長錢穎一進行一場
巔峰對話。提姆・庫克此次訪華，除了為新產品 iPhone 6 造勢外，
還重在消除中國使用者對蘋果 iOS 系統安全問題的質疑。

　　對蘋果在中國的發展，提姆・庫克感覺一切會越來越好。當
被問到蘋果在中國市場的下一步打算時，提姆・庫克堅定地表示：
「中國是我們的主要市場。蘋果所做的一切，都希望投放到這個
市場。」

打入中國市場，最好的方式是「聯姻」

2014 年 11 月 17 日，蘋果宣佈 APP Store 已針對中國大陸用戶新增銀聯支付選項，這意味著銀聯用戶可以在 APP Store 綁定借記卡或者信用卡以購買 APP。此前，蘋果用戶只能透過綁定信用卡或透過儲蓄卡加值進行支付購買。

對於蘋果的這一決定，蘋果方面的解釋是：「中國用戶一直期待能夠使用銀聯卡購買 APP 和完成付款，就 APP 下載量而言，中國已經成為我們的全球第二大市場。現在，我們為使用者提供了更為便捷的方式，讓他們輕點一下，即可購買自己喜歡的 APP。」

蘋果的這一舉動確實適應了不少中國用戶付費習慣，畢竟在中國的信用卡使用率還不是特別高，APP Store 過去在中國只有靠信用卡和定額加值這兩個方式付費，導致太多的中國用戶根本無從著手。但對於蘋果的這一決定，人們更多的猜測是：蘋果和銀聯支付的合作，為蘋果下一步將 Apple Pay 引入中國打下了一個良好基礎。大家最關心的是，在銀聯的支持下，Apple Pay 在國內市場能掀起多高的浪濤？許多業內人士不約而同地認為，蘋果除了將推動具有移動支付功能的智慧手機的快速普及外，與銀聯的合作，會對電信營運商建立的移動支付體系和支付寶等二維條碼技術等造成威脅，移動支付產業鏈的主導方有可能出現轉移。

在提姆‧庫克領導下的蘋果，有一個很明顯的改變──「我

們對合作夥伴更為開放了」,提姆・庫克認為,「我們總是說:如何讓更多的人獲得蘋果產品?我要說,這麼做的唯一方法是合作,我們想改變人們在企業和商業中的工作方式,我們真的這麼做,我們很有熱情。正如我們改變了消費者、學生和老師一樣,我們想改變人們的工作。」因此,提姆・庫克很清楚地意識到:要想打入中國市場,最好的方式就是在中國一個尋找一個好的合作夥伴,與之「聯姻」,蘋果與銀聯的合作就是其中一個例子。

提姆・庫克對於中國市場的關注,早在賈伯斯領導蘋果的時代就開始了。在 2004 年,一份時刻關注蘋果公司的週刊上就發表文章指出:中國有很多消費者對電子產品表現出了極大的興趣,而且很多消費者已經具備了購買電子產品的消費能力。其實,早在幾年以前,一向擅長規劃市場的提姆・庫克就已經意識到了這一點,在他看來,要想應對日益激烈的競爭,蘋果公司的行銷重點必須要從美國本土及歐洲國家開始向其他地區擴大,而經濟實力飛速成長的亞洲地區應該是蘋果公司未來戰略計畫的重中之重,而中國市場又應該是亞洲地區市場的重中之重。

在這一想法的推動下,提姆・庫克開始詳細地研究和分析中國市場,並驚喜地發現:在中國,電動刮鬍刀每年的市場銷售額高達 3 億美元,而且這些電動刮鬍刀都售價不菲——在 250 ～ 500 美元。由此,提姆・庫克判斷當時是一個進軍中國市場的絕佳時機,他的理由是:既然價格昂貴的電動刮鬍刀都能在中國市場具有如此大的銷量,那麼蘋果當時風靡歐美的 iPod 同樣也能在中國市場大有作為。

根據 CCID(China Center for Information Industry Development,

中國電子資訊產業發展研究院）的統計資料，2002 年在中國的 MP3 銷售數量 52.8 萬臺，銷售額 6.75 億元。到 2003 年上半年，銷售數量就已經是 53.2 萬臺，銷售額 5.79 億元，銷售量同比增長 247％。當時國內隨身聽市場總量在 1600 萬～ 2000 萬臺，MP3 將以每年 100％的速度不斷蠶食這個巨大的市場，預計 2007 年市場總量將達到 1000 萬臺。在拉斯維加斯 2004 年消費電子展上，來自世界各地的人們排隊購買 iPod 的盛況，更是足以激發各大 MP3 廠家、銷售巨頭們的想像力。可見，在當時，MP3 作為普及度越來越高的時尚類產品，已經成為數位相機、筆記型電腦、手機等流行消費電子產品之後的又一大行業。這更讓提姆‧庫克深刻地感覺到，如果錯失這個良機，蘋果公司就會失去在中國市場攫取豐厚利潤的巨大商機。

賈伯斯當時並不看好中國市場的發展，但他還是選擇相信提姆‧庫克的判斷，並給予了有力的支持。提姆‧庫克深知，對於在中國市場沒有任何根基的蘋果來說，要想打入中國市場，唯一的方法也是最好的方法就是在中國尋找一個合作夥伴。

很快，提姆‧庫克選定了蘋果公司在中國的第一個合作夥伴——佳傑科技。佳傑科技當時在中國有著「中國第二強管道分銷商」的美譽，它很快幫助蘋果公司在中國打開了市場。為了進一步擴大 iPod 的影響力，提姆‧庫克又在 2004 年 3 月為蘋果公司尋找到了新的代理商——天雄偉業。提姆‧庫克之所以選擇天雄偉業，就是因為他看到了天雄偉業的獨到之處：天雄偉業和其他的分銷商不同，它有自己的店面，能夠在最短的時間內把產品展示在北京、上海、廣州等大城市的終端，這是其他分銷商難以

企及的。提姆・庫克給天雄偉業的任務是：在三個月內要讓 iPod 出現在天雄偉業的 300 家終端店鋪，半年之內擴展到 1000 家，配合 6 月迷你 iPod 上市達到每月銷售 10000 臺，2005 年進入中國 MP3 市場的銷售額和品牌知名度前三。然而，天雄偉業並沒有達到提姆・庫克預期的目標，於是提姆・庫克又選擇了北緯機電、翰林匯、長虹朝華（2011 年改名為長虹佳華）、佳傑科技等公司來代理 iPod。提姆・庫克也曾想在 2005 年 9 月將蘋果的代理商更換為當時中國國內零售連鎖三甲的永樂電器，原因如前——永樂電器擁有 146 家直接面向消費者的門市，可惜永樂電器在 2006 年與國美電器正式合併，雙方的合作也就此作罷，又變成了方正世紀、長虹佳華、佳傑科技、翰林匯正聯合代理的局面，取消了方正世紀、翰林匯的代理資格，2012 年又變為了長虹佳華和佳傑科技兩家全國總代理。

為了更好地扎根中國市場，提姆・庫克在挑選良好代理商的同時，又將目光投向了當時中國第二大 PC 製造商方正集團。雙方在經過多番協商後，最終在 2004 年 5 月 19 日簽署了一份合作協定：自 2004 年 6 月起，方正電腦將開始預裝蘋果電腦公司的數位音樂播放軟體 iTunes。iTunes 讓方正電腦的用戶可以輕鬆地管理他們的音樂曲庫、創建播放清單、燒錄自訂 CD，和將他們的整個音樂曲庫傳輸到 iPod，以便隨時隨地收聽。也就是說，方正公司成了中國第一家為使用者提供蘋果產品——iTunes 的 PC 廠商。

在專業人士看來，蘋果公司與方正公司的這次合作真是非常高明，因為它將蘋果的 iTunes 音樂管理集成解決方案軟體和 iTunes 音樂網站結合，從而使得蘋果在賣出了一臺 iPod 之後，還

能獲得更多來自於音樂下載的收費。

　　事實確實如提姆・庫克所設想和專業人士所評論的那樣，蘋果借助這次合作獲得了巨大的利潤。據 2004 年蘋果第一季度財報顯示，蘋果銷售的 iPod 由上年同期的 73.3 萬部增長到了 450 萬部，而 iTunes 音樂商店、iPod 配件和服務則給蘋果帶來了 1.77 億美元的營業額。

　　當時有一位國際資料公司的資料分析師分析說：「與歐美市場不同，眾多中國消費者傾向於將自己的便攜電子產品當作社會地位的象徵。以手機產品為例，中國消費者更換手機的週期要比歐美市場快 6 ～ 12 個月，原因是很多中國手機用戶希望自己能及時擁有最新款式的產品。從這個角度上來講，如果蘋果公司的 iPod 能夠進入中國市場的話，它極有可能成為最受歡迎的消費類電子產品之一。」

　　提姆・庫克十分贊同這位資料分析師的觀點，他相信在未來的十年中，中國市場很有可能發展成為全球最大的消費類電子產品市場。他敏銳地感覺到，如果蘋果不加快 iPod 進入中國市場的步伐，無疑是將這大好商機拱手讓給競爭對手索尼公司。如果蘋果的競爭對手的產品率先進入中國市場，它們的產品就會首先建立起較高的知名度和用戶忠誠度，並能在今後輕鬆捍衛自己的市場領先者地位，這當然是提姆・庫克不願意看到的局面。於是，在提姆・庫克的安排下，蘋果公司很快於 2004 年 7 月 30 日在北京舉辦了規模巨大的 iPod mini 的新品發佈會。同時，提姆・庫克還加大了 iPod 在中國市場的廣告投放力度，進一步增加 iPod 的曝光機會。在提姆・庫克的精心營運下，這款在歐美紅極一時的

iPod 在中國也同樣獲得了巨大的成功。

iPod 的成功更加讓提姆・庫克看到了中國市場的巨大潛力，因此當 2008 年 iPhone 推出後，他又開始考慮如何將 iPhone 推入中國。在提姆・庫克看來，「iPhone 手機終有一天會進入中國市場，我們在等待時機。」他曾對人說：「這款蘋果公司最具標誌意義的產品就是在中國境內製造的，估計已經有 200 萬支 iPhone 透過黑市流入中國，說明存在巨大的需求空間。這是一個擁有 7 億行動電話用戶的市場，比美國和歐洲的用戶加起來還要多。」

提姆・庫克為 iPhone 挑選的第一個中國合作夥伴是中國移動，在他看來，中國移動擁有多達 3.5 億的用戶，如果蘋果能和中國移動達成合作協定，將對 iPhone 進入中國市場提供有力的支援。可惜，雙方的談判最終失敗了，因為蘋果要與中國移動共同瓜分 iPhone 資料服務收費的 20%～ 30%，而中國移動不同意。

告別了中國移動，提姆・庫克很快與中國聯通開始談判，並最終在 2009 年 8 月 28 日達成協議，iPhone 3G 和 iPhone 3GS 於 2009 年第四季度在中國市場正式上市。這次合作使得 iPhone 在中國市場的銷量節節攀升。但提姆・庫克並沒有停止談判的步伐，在多番協商後，蘋果又與中國電信達成了合作協定：中國電信將於 2011 年 11 月開始銷售 CDMA 版的 iPhone，這再次擴大了 iPhone 在中國的銷售額。

儘管提姆・庫克與中國移動的第一次談判失敗，但他從未想過放棄。最終，在雙方多番協商後，最終中國移動於 2013 年 12 月 23 日在官網宣佈：中國移動與蘋果雙方達成長期協定，正式引入支援全球最大移動網路的 iPhone，中國移動和蘋果將於 2014 年

1月17日分別在中國內地的移動營業廳和蘋果零售店正式發售 iPhone 5S 和 iPhone 5C。

啃下中國移動這塊「硬骨頭」，提姆·庫克自然高興極了，「蘋果尊重中國移動，且非常興奮能共同開展合作。中國是蘋果重要的市場，與中國移動的合作，讓我們有機會將 iPhone 帶給全球最大網路覆蓋下的使用者。」

聰明人都懂得借勢的道理。借勢，就是借助他人的力量、金錢、智慧、名望，甚至社會關係，用以擴充自己的大腦，延伸自己的手腳，增強自身的能力，借他人之光照亮自己的前程。如果你想儘快成功，就必須有一個良好的載體，也就是說，你想儘快到達成功的目的地，就必須「借乘」一輛開向成功的快速列車。很明顯，提姆 · 庫克就是一個懂得借勢的聰明人。

把 iPad mini 當兒童玩具賣，順利進軍教育市場

2010 年 1 月 27 日，在蘋果的新品發佈會上，發佈會的螢幕上顯示出一支 iPhone 和一臺筆記型電腦，中間則是一個大大的問號。賈伯斯面對觀眾，臉上露出故作神秘的微笑，「問題是，兩者之間還可能存在別的東西嗎？這個東西必須能用來很好地流覽網頁、電子郵件、照片、視頻、音樂、遊戲和電子書。小筆電無論從哪個角度來講都乏善可陳！」觀眾都歡呼起來，因為他們都知道賈伯斯馬上就要揭曉又一個偉大的產品了。果然，賈伯斯很快說道：「但是我們有這樣一個東西，它叫作 iPad。」

這場比以往更加激起蘋果用戶狂熱的發佈會，自然獲得了媒體的極大關注。《經濟學人》雜誌就將賈伯斯登上了封面，不過封面上的賈伯斯穿的不是他那身極富個人特色的黑色高領衫，而是在黑色高領衫外套著一件藍色的長袍，頭頂光環，手持一塊被稱為「耶穌平板電腦」的 iPad。《華爾街日報》也對此表示了讚美：「人類上一次對一個平板如此興奮是因為上面寫有十誡。」

iPad 的銷售在美國獲得了巨大的成功，僅在蘋果發佈 iPad 的第一天，就銷售出 30 萬臺，不到一個月，iPad 的銷量就達到了 100 萬臺，這是當初 iPhone 上市兩個月才達到的銷量。而到了 2011 年 3 月，iPad 已經銷售 9 個月了，但銷售的熱烈程度不降反升，其銷量已經達到了 1500 萬臺。就連賈伯斯都發出了感嘆：「人們購買

iPad 的速度真是太快了。」

iPad 在美國獲得巨大的成功後，蘋果公司很快開始了 iPad 在全球範圍內的推廣，於是 iPad 很快在澳大利亞、加拿大、法國、德國、義大利、日本、西班牙、瑞士、英國、美國、奧地利、比利時、香港、愛爾蘭、盧森堡、墨西哥、荷蘭、紐西蘭和新加坡等國家和地區相繼上市。

然而，在與全球各地迅速不遺餘力的攻城掠地相比，蘋果公司在世界上最大的消費市場中國的佈局卻明顯緩慢。業內人士普遍認為，最客觀的原因就是 3C 認證的問題，由於遲遲沒有獲得國家的 3C 認證，以至於蘋果公司無法定出進入中國市場的時間表。

但作為最大的消費市場，中國向來都是世界 IT 巨頭的必爭之地。三星經濟研究院資料顯示，中國是全球最大的手機市場、第二大 PC 市場、第三大消費電子市場。聯想集團創始人柳傳志就曾說過：「中國國內消費的騰飛，將迫使全球科技企業調整各自的研發路線圖，以迎合中國消費者的品味。很多跨國企業，均認同中國市場的威力，它們正將更多資源投入中國。」同時，柳傳志表示：「我們很幸運，因為蘋果 CEO 史蒂夫·賈伯斯的脾氣很壞，沒把中國市場當回事。如果蘋果花在中國消費者身上的工夫與我們一樣，那我們將會有麻煩。」

儘管賈伯斯不看好中國市場，但他最得力的助手提姆·庫克卻深知中國市場的重要性，在他的努力下，iPad 最終於 2010 年 9 月 17 日正式登陸中國市場，開始銷售 Wi-Fi 版本的三款 iPad——16GB 機型、32GB 機型和 64GB 機型。2011 年 5 月 6 日，iPad 2 在中國內地正式銷售，這次內地發售時間只比香港晚了一周，而 2010

年 iPad 內地發售時間比香港發售時間足足晚了兩個月，足以證明蘋果公司對中國市場的日益重視。

蘋果公司之所以日益重視中國市場，最主要的原因是當時蘋果最新季度財報顯示，蘋果在大中華地區的產品銷量增長幾乎達到 250%。要知道，在整個 2010 財年，蘋果在中國市場的所有收益為 30 億美元。到了 2011 財年第一季度，蘋果在中國地區的單季收入已達 26 億美元，是上一年同期的 4 倍以上。到了 2011 財經年度第二季度，該數字更攀升至近 50 億美元，佔蘋果營收的 10% 左右。蘋果的這些財報增加了提姆・庫克進一步深挖中國市場的決心。

2012 年 3 月 8 日，蘋果公司在美國芳草地藝術中心發佈第三代 iPad——The New iPad，而為了讓這款產品進軍中國市場，提姆・庫克也費了不少的周折路：2012 年 3 月 23 日，Wi-Fi 版新 iPad 通過 3C 產品認證；2012 年 5 月 30 日新 iPad 獲國內電信入網許可；2012 年 7 月 3 日，廣東省高院宣佈，蘋果支付 6000 萬美元，與深圳唯冠和解 iPad 商標案，為 iPad 在中國大陸上市掃清最後的障礙；最終，The New iPad（中國地區稱為「全新 iPad」），於 2012 年 7 月 20 日在中國大陸市場上市銷售。

2012 年 10 月 23 日，蘋果公司發佈了一款新產品 iPad mini，它是 iPad 系列中首部設有 7.9 吋螢幕、體型最輕巧便攜的型號，而且這款產品瞄準的正是中國市場。2012 年 10 月 24 日，蘋果公司又發佈了一款新產品——第四代 iPad 平板電腦 iPad 4。2012 年 12 月 7 日，iPad mini 和 iPad 4 才在中國大陸上市。

一些業內人士認為蘋果公司在很短的週期內再推出一款 iPad，有貪多求全之嫌，這並不符合蘋果一貫寧缺毋濫的作風。對

此，提姆‧庫克的回答是：iPad mini 的定位是「兒童適用」，這和 New iPad 不存在定位重複。

提姆‧庫克認為，iPad Mini 會讓用戶長期使用，「我們嘗試開發這樣一款產品，讓人們在購買幾個月甚至幾年後仍然喜愛，並繼續頻繁使用該產品。這是 iPad mini 致力於實現的目標。超過 90％的平板電腦流量來自 iPad。蘋果不希望人們只是購買一款產品，但在回家後不常使用。我會鼓勵你們使用 iPad mini。我認為，在這之後，你們不會再用除 iPad mini 或另一款 iPad 之外的平板電腦產品。」

在一些人看來，蘋果居然把 iPad mini 當兒童玩具定位是一項瘋狂之舉，但事實上，蘋果此次的動作並非提姆‧庫克心血來潮，而是他經過仔細調查後得出的結論。有統計資料顯示，2012 年第二季度 iPad 在中國平板市場的佔有率已經達到了 72.6％，而當時中國國內針對兒童開發的平板電腦中具有品牌號召力的還屈指可數，如果蘋果屆時以 iPad mini 進軍兒童市場，加上萬眾矚目的 iPhone 5 雙管齊下，就能進一步擴大蘋果在中國市場的影響力。

此外，蘋果公司也曾針對消費者的產品購買意向做過一份調查，結果顯示，近 80％的美國人都不會選擇 iPad mini，而是更傾心蘋果下一代智慧手機 iPhone 5；與此同時，近年來，隨著中國廣大中小學校對科技設備需求的增長，各大電子終端產品製造廠商都紛紛將目光投向了中國的教育市場。因此，儘管 iPad mini 在美國市場銷售的預期並不樂觀，但提姆‧庫克並不十分氣餒，因為他本來的策略就是：用已上市的 New iPad 主打成人市場，而把即將上市的 iPad mini 瞄準中國市場，並定位為「兒童適用」。

而事實也正如提姆‧庫克所預料的那樣：相對於正常尺寸的 iPad，中國的消費者顯然對外形小巧和價格略低的 iPad mini 更為喜愛，再一次引領了中國平板市場銷售狂潮。僅僅用了兩年時間，iPad 就已經在中國平板電腦市場佔據了近四分之三的份額，提姆‧庫克用實際行動證明了他卓越的市場規劃能力。

現代管理學之父彼得‧杜拉克曾說：「如果我們一味地預測未來，那只能使我們對目前正在做的事情懷疑。戰略規劃之所以重要，正因為我們對未來不能準確的預測。」

為什麼說戰略不是預測？彼得‧杜拉克提出兩個理由：其一，未來是不可預測的。每個人都可以看一看當前的報紙，就會發現報紙上所報導的任何一個事件都不是十年前所能預測到的。戰略規劃之所以需要，正因為未來不能被預測。其二，預測是試圖找出事物發展的最可能途徑，或至少是一個機率範圍。但是企業的發展往往是獨特事件，它將不在預設的路徑或機率範圍之內，預測往往並不能帶來作用。

因此，戰略決策者所面臨的問題不是他的組織明天應該做什麼，而是「我們今天必須為明天來做些哪些準備」？問題不是未來將會發生什麼，而是「我們如何運用所瞭解的資訊在目前做出一個合理的決策」？戰略規劃並不涉及未來的決策，所涉及的是目前決策的未來性。決策只存在於目前。

要想深挖中國市場，就要懂得「入鄉隨俗」

姜文：「這是新的 iPhone 6。」

姜武：「這是新的 iPhone 6 Plus。」

姜文：「它們是有史以來最大的 iPhone。」

姜武：「可以說，巨大。」

姜文：「尺寸的變大只是開始。」

姜武：「怎麼說也是大呀！」

姜文：「它們能讓你看到不一樣的世界。」

姜武：「那可是大事。」

姜文：「還能為你的健康著想。」

姜武：「特大的事！」

姜文：「它們比以前所有的 iPhone 都要好。」

姜武：「大大大大大大大大大——」

姜文：「哎，停停停，有這麼說的嗎？」

姜文：「這是新的 iPhone 6。」

姜武：「這是新的 iPhone 6 Plus。」

姜文：「你知道這個攝像頭的新功能嗎？」

姜武：「知道，很厲害！」

姜文：「它的慢動作視頻從來沒有這麼慢過，從來沒有！延時

攝影能把小時化成分鐘，化成分鐘！圖像防震動功能讓一切變得流暢，流暢！iPhone 的攝像頭從來沒有這麼出色過！」

姜武：「哎，拍我跑步試試？」

姜文：「你跑？那不用拍就是慢動作！」

姜文：「這是新的 iPhone 6。」

姜武：「這是新的 iPhone 6 Plus。」

姜文：「它們有一個叫健康的東西，可以幫你監測很多很多……哎，比如說吧，我今天走了 6.2 公里。」

姜武：「我跑了 7.5 公里。」

姜文：「我還爬了 11 層樓呢。」

姜武：「我喝了杯果汁，有 120 卡路里。」

姜文：「我吃了個漢堡，有 1230 卡路里。」

姜武：「這好嗎？」

姜文：「嗯——可是好吃啊。」

2014 年，蘋果在中國市場推出 iPhone 6 和 iPhone 6 Plus 的同時，還邀請了著名導演及演員姜文、著名演員姜武兩兄弟為 iPhone 6 手機廣告配音，姜氏兩兄弟儘管沒在廣告中現身，但他們相聲般的配音使得這支廣告趣味十足，被網友評為「最接地氣的廣告」。

2014 年 8 月 14 日，蘋果公司推出的 iPad 的廣告片，也是首次以中國樂團——耀樂團為主角的視頻廣告主。這些都表明蘋果對中國市場的行銷花費了大量的心思。

而從 2012—2014 年，短短的三年間，提姆・庫克就五次訪華，

而且中國是他擔任蘋果 CEO 後訪問的第一個國家，足以證明他對中國市場的重視。

確實，提姆・庫克在接手蘋果公司的執掌大權後，進一步加快了中國市場的本土化戰略部署。在提姆・庫克看來，「中國市場對我們的業績非常關鍵，我們將大中華區定義為中國大陸、香港和臺灣，該市場同比增長超過 6 倍，（2011 年）第三財季營收大概是 38 億美元。中國為蘋果帶來的機會非常巨大，我堅定地認為我們現在還只觸及了該市場的表層。」

2011 年 11 月 18 日，蘋果 APP Store 中國區應用商店更改使用條款，開始接受人民幣付款購買應用。也就是說，用戶在蘋果 APP Store 中國區應用商店購買應用後，可直接用人民幣付款，或對帳戶以人民幣加值，系統支援招行、工行、建行、農行、中行等十多家銀行的信用卡。

當時蘋果中國 APP Store 推出的人民幣與美元的比率約為 6:1，不按照即時匯率計算。使用者可在重新確認蘋果服務條款之後使用人民幣購買應用。在此之前，蘋果中國區應用商店只支援維薩（Visa）、萬事達（MasterCard）和美國運通（American Express）三種信用卡，用戶只能將 iTune 帳號與一張美元信用卡綁定，並以美元購買應用，還款時再折算為人民幣。

對中國用戶來說，蘋果 APP Store 中國區應用商店人民幣付款的開通，不僅僅是貨幣運用的改變，更是蘋果中國本土化進程的重要一步，而這僅僅是一個開始。

在 2012 年 6 月 WDDC 大會上，蘋果首次推出了針對中國用戶的專享新功能。在蘋果 iOS 6 系統中，蘋果公司為中國用戶整合

了新浪微博，這個在中國最熱門的移動應用被直接捆綁在 iPhone 手機中；蘋果與優酷網和土豆網展開合作，開始支援視屏上傳服務；iOS 6 系統中的 Siri 支援中文語音，這對 Siri 應用在中國市場的發展產生產生了非常重要的作用。更讓廣大中國用戶驚喜的是在 iOS 7 Beta4 版本中九宮格輸入法的加入，並且只有中國大陸地區行貨版本 iPhone 手機才可以使用。

此外，蘋果電腦配備的全新 MAC 作業系統山獅（mountain lion），更讓中國消費者眼睛一亮，因為山獅系統改進了中文輸入法，模糊拼音、中英文混合輸入讓中文輸入變得更容易，使用簡體中文的用戶還可在詞典應用程式中使用「現代漢語規範詞典」。在應用方面，則內置了百度搜索、新浪微博、網易郵箱、QQ 郵箱、優酷、土豆等中國使用者熟悉的服務，幾乎涵蓋了中國用戶上網的基本需求。

這些從中國用戶的角度出發而做出的變化，無疑很好地證明提姆・庫克對中國市場的重視和誠意。

推動提姆・庫克加速中國市場本土化戰略部署的根源，還是蘋果的財報數據。根據當時蘋果官方公佈的資料可見：蘋果產品在中國市場迅速增長，2012 年財年第二季度收益額增加 300%。在大中華區，蘋果 2012 年上半年實現了 124 億美元的營收，中國已經成為蘋果在美國之外的第二大區域市場，佔蘋果全球總營收的 16%。

更讓提姆・庫克吃驚的是，在蘋果全球 300 多個零售店中，北京西單大悅城店的銷售額高居榜首。提姆・庫克本人也曾在參加 2012 年高盛科技大會上承認：「中國去年為蘋果公司貢獻了

130 億美元收入，Mac 銷量則同比增長 100%。」

然而，儘管中國市場已經佔據蘋果總營收的 20%，但從整個智慧手機終端市佔率來看，蘋果正在面臨前所未有的競爭壓力。

據艾媒諮詢資料顯示，2012 年第一季度中國智慧手機市場三星以 22.8% 的銷售佔比排在第一位，華為、酷派、聯想、中興、蘋果排在第二階梯，銷售佔比分別為 11.6%、11.2%、10.8%、9.7% 和 8.5%。可見，來自三星和中國本地的四家廠商，合力將蘋果 iPhone 擠到第六的位置。而蘋果這一下滑趨勢從 2011 年第二季度就開始出現，2011 年第二季度，蘋果在中國智慧手機市佔率排名第三，2011 年第三季度下滑至第四位，佔 10.4%；2011 年第四季度蘋果在中國智慧手機的市佔率從上一季度的 10.4% 下跌至 7.5%，排名第五。

同時，蘋果在歐美市場的銷售也遇到一點麻煩：以 AT&T 為代表的一些國際營運商由於不堪承受對 iPhone 的補貼帶來的巨大財務壓力，已經開始取消對 iPhone 的補貼，這直接導致了 iPhone 銷量的下滑。

因此，在提姆・庫克看來，亞太地區尤其是中國市場，將成為蘋果釋放壓力的一個重要管道。於是，蘋果開始加大在中國市場的行銷力度。蘋果越來越懂得中國的傳統，比如在 2013 年春節期間，蘋果零售店就推出了新春創新活動，蘋果線上商店更是推出以紅色為主基調的「新年禮品精選」專欄。

在 2014 年，為了刺激中國區 APP Store 的消費增長，針對中國消費者習慣使用免費軟體的習慣，蘋果宣佈 APP Store 支援銀聯支付，並且推出了「China Only」——1 元、3 元中國區特供。蘋果的

此番低價策略確實迅速刺激了消費，APP Store 裡的一些應用原本每天只有幾次下載量，在降價後達到了上千次。

蘋果 APP Store 推出的低價特供策略，就是學習中國本土低價商業模式的一次嘗試，在刺激用戶消費的同時也很好地培養了付費習慣和正版意識。

在提姆‧庫克的帶領下，蘋果還加大了中國市場的管道建設，透過管道下沉覆蓋到小城鎮甚至是鄉村。蘋果的線下實體管道策略為分層覆蓋，直營店覆蓋重點一線城市，直供店覆蓋一、二線主要城市，三線及以下主要透過分銷商進行覆蓋。

隨著中國經濟的快速發展，中國在跨國公司全球戰略中的地位日益上升。越來越多的跨國公司在華投資，尤其是將生產、銷售等產業鏈環節轉移到中國，越來越多的跨國公司要求在華設立地區總部，以實現在華投資的系統化管理、協調在華的產品研發、生產及服務活動，以加強其對周邊國家及地區的產業環節管理。

而跨國公司要想在中國市場獲得良好的發展，「本土化策略」是必需的。「本土化策略」的核心是：企業一切經營活動以消費者為核心，而不是以商家的喜好、習慣為準繩，企業規範必須隨地區性變化引起的顧客變化而改變。

很顯然，提姆‧庫克深諳這一點，而且他在中國市場所做的一切努力都沒有白費，蘋果公司在 2014 年第三財季營收為 374.32 億美元，比去年同期的 353.23 億美元增長 6%；大中華區營收為 59.35 億美元，比去年同期的 46.41 億美元增長 28%，儘管在營收落後於排名第一的美洲（營收為 145.77 億美元）和排名第二的歐洲（營收為 80.91 億美元），但增長速度卻遠遠大於美洲的 1% 和

歐洲的 6%。

對於中國市場，提姆‧庫克信心十足：「中國市場非常的龐大，有眾多的消費者都希望能夠買到最棒的產品。我相信蘋果在中國一定會發展得很好。只要我們不斷地創新。我們一定會不斷地創新，那麼我們在中國一定會發展得很好。」

黑莓（RIM）中國區總裁謝國睿曾說：「要在中國發展，最好的辦法是既保持自己的一些特色，又適當融入本地社會。這個經驗，成為我在十幾年後加入黑莓（RIM）公司任中國區總裁後最重要的『指導思想』。」

從 1979 年開始，中國連續頒佈了一連串實質性政策法規，明確了中國對外資所持的歡迎態度，從此開啟了外資企業在華投資的時代。

外資企業從一開始的「照搬照套」到逐漸適應中國市場，在中國宏觀經濟中扮演著越來越重要的角色。可見，企業在擴展海外市場時，只有懂得「入境隨俗」，才能獲得持久的發展。

入境隨俗，其實就是企業常說的本土化戰略。「本土化」的實質是跨國公司將生產、行銷、管理、人事等全方位融入東道國經濟中的過程，一般透過全面的調查，瞭解本土的實際經濟、文化、生活習俗等情況而進行的一連串融入性調整。

這樣一方面有利於外來跨國公司生產出來的產品，能更好地滿足本土消費者的需要，同時也節省了國外企業海外派遣人員和跨國經營的高昂費用、與當地社會文化融合、減少當地社會對外來資本的危機情緒，有利於東道國經濟安全、增加就業機會、管理變革、加速與國際接軌。

說得簡單一點，本土化的核心就是：企業一切經營活動以消費者為核心，而不是以商家的喜好、習慣為準繩，企業規範必須隨地區性變化引起的顧客變化而改變。正是因為提姆・庫克深知本土化戰略的重要性，在產品中不斷加入中國特色，才能讓蘋果產品風靡全中國。

第三章
只要產品夠好，消費者就願意買單

蘋果要追求的不是市佔率第一，而是用戶眼中最好用的產品，
如果產品和服務做好了，金錢和市場地位便水到渠成。

——提姆・庫克

我的目標並不是贏得第一，而是製造最好的產品

2013 年，提姆‧庫克參加華爾街日報旗下著名科技博客網站 AllThingD 舉辦的 D11 大會時，曾被美國著名科技評論家沃爾特‧莫斯伯格犀利拷問：「談談安卓吧。蘋果是智慧手機市場的創新和開創者，但現在安卓明顯做大你怎麼看？」

提姆‧庫克：「我對安卓當然有自己的看法。要知道，我們的目標並不是贏得第一，而是製造最好的產品。我們製造了最好的電腦，最好的音樂播放機，最好的平板電腦，最好的手機，而非最多。」

在提姆‧庫克看來，對於蘋果公司來說，優勝的含義從不是製造最多產品，而是製造最好的產品。使用者使用量最能證明產品的優劣，「如果一款產品沒人用，那麼它的市佔率還有什麼意義？對我們來說，讓人們使用我們的產品才是最重要的。我們想豐富人們的生活，如果你的產品整天被人們丟在抽屜裡，你是無法豐富人們的生活的。」要知道，在北美，iPad 佔據了平板電腦網路流量的 80％，處理的電商交易量是其他所有安卓設備的兩倍。其實 iPad 的市佔率並非這些設備的兩倍，但使用量是後者的兩倍，這足以說明蘋果製造了最好的產品。

「我們相信，我們在地球上存在的目的就是創造偉大的產品，這一點不會改變。」蘋果創始人賈伯斯這樣說過。創造偉大的產

品，就是蘋果存在的意義，這一點從未改變，以後也不會改變。

　　提姆・庫克永遠記得賈伯斯的那番話：「我們只有一個願望，就是盡自己最大的努力，盡可能地做出世界上最好的產品。想像一下，如果你是一個木匠，正在打造一個漂亮的衣櫃，你絕不會用品質較差的膠合板來做這個櫃子的背面，即使那一面永遠對著牆，沒有人會看到它。但你自己心裡清楚。所以，即使是櫃子的背面，你也要用漂亮的木材製作。哪怕只是為讓自己晚上能睡個好覺，你也要在審美和品質上做到盡善盡美。」

　　因此，當市場上大螢幕手機不斷湧現，蘋果使用者也呼籲蘋果推出螢幕更大的 iPhone 時，提姆・庫克仍舊按兵不動。面對《華爾街日報》記者的提問：「消費者想要大螢幕 iPhone，你反對這種觀點嗎？」提姆・庫克坦然回應：「我一直在說，除非技術已經成熟，否則我們不會跨過那條線。但這並不是說我們永遠不會做大螢幕手機。我們希望能給客戶提供最好的東西，不僅僅是大小，還有解析度、清晰度和可用性。衡量螢幕的標準除了尺寸外，還有很多別的。我們關注所有這些參數，因為顯示幕是軟體的窗戶。」

　　在大螢幕手機成為主流趨勢的時刻，蘋果卻不推出大螢幕手機，難道提姆・庫克一點也不擔心蘋果在智慧手機方面的市佔率會下降嗎？提姆・庫克的回答當然是「不」，在他看來，手機市場上有三種手機：功能手機、功能和用途相當於功能手機的智慧手機和真正的智慧手機，他關心的是最後一種的市佔率。提姆・庫克不在意功能手機、功能和用途相當於功能手機的智慧手機賣出了多少，在他看來，這兩種手機賣得越多，他越認為是件好事，

因為這些都是真正的智慧手機的未來用戶。而蘋果願意也有能力把盡可能多的人轉變成真正的智慧手機的用戶。

要知道，在真正的智慧手機這一類別，蘋果在美國是第一名，在加拿大是第一名，在日本是第一名，在西歐是第二名，在東歐是第二名，如果不算日本的話，蘋果在亞洲是第二名。可見，在大多數地理位置，在大多數全球重要的地區，蘋果都是數一數二的。在排名第二的地區，蘋果想不想成為第一呢？提姆・庫克的回答很堅定：「當然想，這一點請你相信。」但他更堅持一點：「如果有什麼辦法能做到這一點，同時又不會改變我們生產偉大產品這一路線，我們就會這麼做。不過，如果是生產垃圾的話，我們是不會這麼幹的。我們不會把蘋果的品牌貼到別人設計的什麼東西上。」

2014 年 9 月 10 日，蘋果用戶期待已久的大螢幕 iPhone——iPhone6 和 iPhone 6 Plus 終於面世，這兩款大螢幕智慧手機在全球上市的首日，預訂量就超過 400 萬支，遠遠超過了蘋果公司的預期。

為何這麼晚才推出了大螢幕 iPhone？面對蘋果粉絲的質問，提姆・庫克坦然回答道：「蘋果希望在手機的各方面都有提升，比如螢幕的對比度、亮度、可靠性、色彩。最後我們選擇推出 Retina 顯示幕的 iPhone 6 和 iPhone 6 Plus。在產品技術方面，蘋果的策略不是做最早的廠家，而是做最好的廠家。只有把產品做到最好，我們才會推向市場。」

要知道，為了保證大螢幕 iPhone 6 是市場上最好的手機，蘋果設計師喬納森的團隊最初設計了很多機型，從 4.5 到 6 英寸，可以擺長長的一桌，硬體和軟體團隊還會一起分析外觀和手感，尤

其關注了單手操作的問題，最後從 20 多款機型中，選出了最後面世的兩款尺寸。

然而，很多人覺得 iPhone 6 缺乏創新，認為沒有了賈伯斯的蘋果，已經褪下了神奇的光環，成了一家普通的科技公司。面對這些質疑，提姆・庫克依舊很坦然：「蘋果更加關注的是怎樣做出一支最好的手機，怎麼將科技完美融入到這個最具魅力的小小裝備裡，而不是第一時間將業界最新出現的功能堆砌進去，我們必須做到臻於至善，而不是讓產品成為一張功能清單。」而一些評論家也認同提姆・庫克的這一說法，他們認為 iPhone 之所以不能像最初那樣震撼人心，這只能說明智能手機發展到現在，新應用越來越依靠資源的整合，而不是簡單的增加新功能。而在資源整合這方面，蘋果排名第一這點毋庸置疑。

要做就做到最好，蘋果的成功得益於此，恒大集團的成功也得益於此。恒大集團董事局主席許家印曾說：「我這個人要強，該我做的事我會做好，沒做好是一回事，但做好了就要有體現。其實接手足球那天開始我就知道，要把足球搞好沒有那麼容易，而且真的是燒錢的。我也實話告訴你們，我們接手 5 個月已經花了過億，但是今年下半年和明年我還準備再拿資金出來，大力支持，持續打造豪門勁旅。還是那句話，要嘛就不做，要做就一定要做好。」

「要嘛不做，要做就做到最好。」為了做到最好，許家印給恒大定下了必須實現「規模」「團隊」和「品牌」三個「一流」的目標。保證一流、保證做到最好才能給公司帶來最大的收益。一流的規模是指要擁有最多數量的土地，規模化的運轉方式能夠保證成本

最低；而人是所有工作的主導，只有一流的人才和團隊才能夠保證一流的產出；所謂一流的品牌就是許家印提出的精品戰略路線，只有高水準的品質才能夠豎立越來越強大的企業形象，這與許家印創業之初提出的「品質樹品牌」是一致的。最終，許家印帶領恒大集團走向了「2012中國大陸在港上市房地產公司綜合實力第一名」的輝煌。

　　產品做到最好才能佔領市場，只有擁有了消費者，才能擁有長久的市場生命力，正如提姆‧庫克所說：「如果產品和服務做好了，金錢和市場地位便水到渠成。」

只專注於能做到最好的那些事

眾所周知，「蘋果教父」賈伯斯身上有一個很大的優點，就是他知道如何做到專注。賈伯斯再次回歸蘋果後，就是靠他的專注原則使他制定出了「我們的工作就是做四個偉大的產品」的計畫，得以迅速扭轉蘋果敗局，一步步生產出 iMac、iPod、iPhone、iPad 這些偉大的產品，讓蘋果走向更高的輝煌。

提姆・庫克也是一個十分推崇專注原則的人，當初他之所以選擇從世界第一的電腦企業康柏跳槽到岌岌可危的蘋果，就是因為賈伯斯身上的專注打動了他。

提姆・庫克回憶說：「1998 年初的時候，賈伯斯和我說了下他的願景，跟我提了一個產品，他說要把所有的精力和能量放到製造這款產品上。當時的趨勢是大家都把精力放在伺服器和存儲上，我一聽就覺得這是一個非常了不起、非常聰明的想法，因為我也不喜歡隨波逐流，而且賈伯斯先生這種專注性也打動了我，所以就跟他一起做。那時候的趨勢是伺服器、存儲，但是賈伯斯先生很注重消費品、消費者這塊。」

或許，在那一刻，提姆・庫克血液中的「專注」因子被賈伯斯激發了。因為在瞭解提姆・庫克的人看來，提姆・庫克一直都是一個十分專注的人。

奧本大學工業工程名譽教授薩義德・馬蘇德魯就曾評價提姆

・庫克說：「他非常謙虛，非常專注……總是安靜地學習。」

從賈伯斯手中接過蘋果的權杖時，提姆・庫克更是時刻銘記「專注」原則，他說：「公司的 DNA 也就是我們最關注的事情是專注於生產全世界最好的產品。我們要的不是好產品，或是很多的產品，而是全世界最好的產品。我們必須確保公司保持專注，像雷射一樣專注。我們只能在一段時間內做到最好，只能在部分產品上做到最好。」

當提姆・庫克從幕後走到臺前，「專注」這個詞也開始源源不斷地出現在他的口中。似乎關於蘋果的每一個問題，他都可以用「專注」來回答。

2012 年 12 月 6 日，提姆・庫克作客 NBC 電視臺主持人布萊恩·威廉斯主持的《Rock Center 新聞秀》時，主持人布萊恩曾問道：

「聽說你和我在同樣的環境中長大，都是生長在那種簡單且平常的美國中產階級家庭。我們小時候都去鄰居家看過他們新的索尼電視，非常漂亮。索尼的品牌歷史很久，產生了 Walkman 和 Discman 這樣的產品。但是在今天，它們不再那麼意義非比尋常了。索尼的產品給了你那麼多美好的記憶，你為什麼沒有去索尼工作呢？」

提姆・庫克的回答就可總結為兩個字「專注」，他說：「我們都是很簡單的蘋果人。我們把精力集中在為世界創造最好的產品，豐富人們的生活。我相信很多公司，甚至你提到的索尼公司，都認為自己可以做一切事情。但在蘋果，我們很專一。我們知道，我們在短時間內只能做好一些產品，而不是所有產品。」

當有人就蘋果的產品數量問提姆・庫克：「以蘋果的規模，

它的產品數量實在非常少。為什麼？」

提姆・庫克的回答也很好地體現了兩個字——「專注」。

他說：「我們公司產品不多，你幾乎可以把我們（製造的）每種產品都放到這張桌子上來。我是說，如果你要仔細點算的話，我們擁有四種 iPod 產品，兩種主要的 iPhone 產品，兩種 iPad 產品，還有一些 Mac，就這些了。對於我們要做些什麼的問題，我們會像瘋了一樣去爭論，因為我們知道自己只能把有限的事情做好。也就是說，不要做太多的產品，那樣才能真正做好，真正做到有趣。」

當有人就蘋果的技術問提姆・庫克：「現在有很多的技術，比如說 NFC，還有無線充電，這些技術都可能會成為未來的趨勢。蘋果一直是一個強調技術上領先性和前瞻性的公司，蘋果在這種競爭環境下如何保持自己的先進性和超前性？」

庫克的回答也離不開「專注」的主題，他說：「對於技術來說，我們一直會比較不同的技術成功的可能性和這個技術的成熟度。我們會選擇一個最好的技術，花精力去把它做精，做好，而不是說選很多的技術，平均地分配精力，這樣可能會花很多的時間，而且對於消費者來說也不能達到最滿意的效果。

「比如說在幾年之前我們認為在這樣優秀的產品上面，可能最需要控制住的一個技術就是它的晶片，因為它是整個機器的核心，一個引擎。所以說我們會有一個很強大的核心的晶片團隊來為消費者製造出最棒的晶片，這在我們看來是最核心的技術。這是一個例子，就是我們會專注一個最核心的、最好的技術，然後把它做精，做好。」

「如果人人都忙著做所有的事情，那怎麼可能做出完美的產品呢？」在提姆・庫克看來，專注於能做到最好的那些事，並且做到最好，這就是蘋果能持續創新、持續輝煌的最根本原因，而他也將繼續堅持「專注」，帶領蘋果走向更大的輝煌。

專注，作為一種自覺、主動的生活和工作態度，呈現的是為人的用心和責任意識。20世紀90年代，互聯網大潮開始席捲全球，人們爭先恐後地創立自己的互聯網，唯恐趕不上這一場百年不遇的黃金機遇。但是短短幾年之後，大浪淘沙，倖存下來的所剩無幾。失敗的原因就在於這些人對待工作不夠專注。

歌德曾這樣勸告他的學生：「一個人不能騎兩匹馬，騎上這匹，就要丟掉那匹，聰明人會把凡是分散精力的要求置之度外，只專心致志地去學一門，學一門就要把它學好。」

著名企業家馮侖也曾講過：「想在人生的路上投資並有所收益，有所回報，第一件事就是必須在一個方向上去累積，連續的正向累積比什麼都重要。」

每個人的精力都是有限的，要做好手頭的工作，我們就應該努力專注於當前正在處理的事情，如果注意力分散，工作效率就會大打折扣。因此，即使事情再多，也要全神貫注於一件正在做的事情，集中精力處理完畢後，再把注意力轉向其他事情，著手解決下一個問題。實際上，當我們集中精力，專注於一項任務或者是一個產品時，我們就會發現自己獲益匪淺——工作壓力會減輕，做事不再毛毛躁躁，也更容易獲得成功。

專注更能為企業帶來不可估量的收益，這種收益源自客戶的信賴及品牌在客戶心中打下的烙印。專注可以使企業的每一次行

動，每一個行為（無論成功或失敗）都能成為一種資源，一種對未來發展有用的資源。可見，無論是一個人還是一家企業想要獲得成功，專注都是必需的一個生存法則。

如果一家公司開始擔心自相蠶食，就將開始走向滅亡

2014 年 10 月 21 日，蘋果公司發佈了 2014 財年第四財季業績。報告顯示，蘋果公司第四財季營收為 421.23 億美元，比去年同期的 374.72 億美元增長 12%；淨利潤為 84.67 億美元，比去年同期的 75.12 億美元增長 13%。

在產品銷量方面，蘋果公司第四財季共售出 552 萬臺 Mac，比去年同期的 457.4 萬臺增長 21%；共售出 3927.2 萬支 iPhone，比年同期的 3379.7 萬支增長 16%；共售出 1231.6 萬臺 iPad，比去年同期的 1407.9 萬臺下滑 13%；共售出 264.1 萬部 iPod，比去年同期的 349.8 萬部下滑 24%。

在產品具體營收方面，蘋果公司第四財季來自於 Mac 的營收為 66.25 億美元，比去年同期的 56.24 億美元增長 18%；來自於 iPod 的營收為 4.10 億美元，比去年同期的 5.73 億美元下滑 28%；來自於 iPhone 的營收為 236.78 億美元，比去年同期的 195.10 億美元增長 21%；來自於 iPad 的營收為 53.16 億美元，比去年同期的 61.86 億美元下滑 14%；來自於外設的營收為 14.86 億美元，比去年同期的 13.19 億美元增長 13%；來自於 iTunes、軟體及服務的營收為 46.08 億美元，比去年同期的 42.60 億美元增長 8%。

可見，在 2014 財年第四財季，iPhone 為蘋果貢獻了過半的營收，而 iPad 卻出現了連續三個財季銷量同比下滑。對此，有分析師認為，iPad 銷量之所以連續下滑，主要是因為大螢幕 iPhone 的出現給 iPad 帶來了較大的衝擊，蘋果產品出現「互相殘殺」，僅具有娛樂功能的 iPad 逐漸被消費者拋棄。

身為蘋果公司 CEO，提姆‧庫克當然很清楚地認識到了 iPad 銷量出現下滑的問題，但他並不認為這是一個大問題，不過是一個減速問題而已，一如他在接受 RE/Code 的沃爾特·莫斯伯格（熟知的莫博上）採訪時說：「我們對 iPad 過去四年的成績感到非常滿意。我將近期的銷量下滑稱之為減速帶。在每個產品類別都會遇到這種情況。」

為了扭轉這種趨勢，蘋果公司發佈了新一代 iPad Air 2 和 iPad mini 3 設備，並新加入了 Touch ID 指紋識別功能，共有金色、黑色、銀色三種外觀，並升級了硬體設定，希望藉此重新拉回消費者的注意力。但是行業分析師普遍預期，這樣的功能更新並不會挽救 iPad 出貨量下滑的趨勢。

其實，這並不是蘋果公司的產品第一次出現自相蠶食的局面。早在 iPad 銷量崛起的時候，提姆‧庫克就已經清醒地認識到 iPad 在以很快的速度蠶食 PC 市場。因此，當有記者就這個問題對他發問：「我們希望知道平板是以怎樣的速度蠶食 PC 市場的？作為一個提供通用電腦和 iPad 的公司，您有什麼看法？」提姆‧庫克坦然承認：「iPad 已經蠶食了部分 Mac 銷量。對於蠶食，我們寧願自家的產品互相蠶食，而不希望是別人的產品蠶食了我們的產品。我們不想阻礙我們的團隊去完成偉大的事情，即使這會使其他產

品領域的銷量受到影響。我們希望顧客滿意，希望他們購買蘋果產品。

「我不會預言 PC 的消亡，我不同意這個說法。就我們目前所看到的形勢，我認為 iPad 確實在蠶食 Mac 以及 PC 的銷量，而且 PC 受到的影響遠大於 Mac 受到的影響。但是這對於我們來說是有好處的。平板一般都會蠶食 PC 市場。我認為很大程度上蠶食的作用在於當你和別人競爭時——可能政客會這麼做，我對政治不熟悉——它會促使你將自己的資訊尖銳化，告訴他們你是誰。

「互相蠶食對於 PC 行業來說是有好處的，因為競爭對手強勁，平板就會瘋狂創新，顧客才能夠決定選擇購買哪一款。PC 行業很強，但是平板行業會更強。」

可見，在提姆・庫克看來，平板業務規模超過 PC 是必然的趨勢，但他相信還是有很多消費者買 PC，因此蘋果並沒有放棄 Mac。儘管很多廠商已經放棄了 PC 業務，但蘋果仍有一批偉大的人才在為之努力，並為大家帶來很酷的產品。對此，提姆・庫克提出的理由是：「因為我們相信，雖然消費者正在『疏遠』PC，但當他們想買一臺 PC 的時候，會首先想到 Mac。」事實也正如提姆・庫克所料，據蘋果公司 2014 財年第四財季業績顯示，該財季 Mac 的營收比去年同期的 56.24 億美元增長 18%。

而當 iPad mini 推出後，業界也普遍認為這將會蠶食 iPad 的市佔率。當提姆・庫克在 2013 年 2 月出席高盛技術與互聯網大會（Technology and Internet Conference）並發表演講時，就有人表達了自己的這個疑惑：「關於 iPad mini 及其對利潤率的影響。這是否是追求份額的代價？」

提姆・庫克這次的回答更顯自信：「我第一次被問到產品之間自相蠶食的問題，是關於 iBook 筆記型電腦。還有一些人擔心，iPad 蠶食了 Mac 電腦的銷量。然而，即使我們不自相蠶食，其他人也會。放眼巨大的 Windows 電腦市場，iPad 還有巨大的市場空間。如果一家公司開始擔心自相蠶食，那麼就將開始走向滅亡。」

現代管理學之父彼得・杜拉克曾經說過：「我們主動淘汰自己的產品、流程或服務，是防止競爭對手淘汰我們的唯一方法。」

華為創始人任正非也曾說過：「我希望大家不要做曇花一現的英雄。華為公司確實取得了一些成就，但當我們想躲在這個成就上睡一覺時，英雄之化就凋謝了，凋謝的花能否再開，那是很成問題的。在資訊產業中，一旦落後，就很難追上了。」

很多企業都會像溫水中的青蛙，有一種拒絕變革、拒絕創新的惰性。但是無論是否喜歡，我們的確無法避免地生活在一個不斷創新的時代，創新絕不僅僅意味著新事物的出現，更意味著可能仍然「健康」的舊事物的「猝死」。這就意味著，企業發展要考慮的中心環節，已經不是「苦練內功」，而是外部市場的創造性破壞。如果企業自身的「變形」速度追不上外部市場的創造性破壞速度，那麼企業無論其經營狀況如何，都已經處在了溫水青蛙的地位。如果企業不肯推出更新的商品取代自己的商品，別的企業就會取代你。所以比爾·蓋茲說：「我們不能滿足於現在的產品，我們要不斷自我更新。必須明確的是，本公司的產品是由我們自己來取代，而不是被別人所取代。」

在風雲變化的今日商海中，企業一時的成功不代表因此可以一勞永逸。幾年甚至幾十年過去後，一些企業從人們的視線中消

失了，一些新的企業又出現了，這就是企業競爭中殘酷的優勝劣汰法則。企業要在競爭中成為勝利者，唯一的辦法就是不斷改革、不斷創新，以主動自我淘汰來保持市場競爭力。

第四章
要把工作做好，唯一的方法就是合作

唯一可以達成目的的方法，就是讓所有人展開合作。不僅要好好合作，還要充分融合，以至於你再也無法區分某個人正在從事什麼工作，因為他們都無比專注於優異的體驗，甚至已經不再以職能的視角看待事情。

——提姆·庫克

如何更上一層樓？只能依靠一流的合作

2011 年 8 月 24 日，病重的賈伯斯在蘋果公司董事會的例會上，鄭重建議由提姆・庫克接替他成為新一任的蘋果公司 CEO，自此，提姆・庫克開始真正扛下蘋果公司這副重擔。其實，早在提姆・庫克擔任代理 CEO 的時候，他就發現蘋果的管理架構其實存在一個很大的問題，那就是蘋果劃分為若干專業部門，從事硬體、軟體設計、行銷和財務工作，各部門所有的工作均獨自完成，相互很少共用資訊，這是因為所有的遠景都在賈伯斯的腦海裡清晰地規劃出來，他們根本不需要共用資訊。這是典型的賈伯斯管理框架。當然，更重要的是，賈伯斯自身擁有強大的「現實扭曲力場」，它總是能夠威懾對方，從而讓一切都能按照他的意願行事。

大多數評論家都認為，在賈伯斯去世後，如果沒有一個強有力的領導者協調整個公司的步調，蘋果這家結構如此鬆散的公司能否繼續生存下去，都要打上一個大大的問號。事實也確實如評論家所料，在庫克掌權的最初幾個月裡，因為沒有人擁有絕對的權力來制定重大決策，蘋果公司內部的各個團隊都在明爭暗鬥地奪取地盤。出現這種局面，固然與賈伯斯遺留下來的管理風格有關，也與提姆・庫克本身的威懾力不足有關。提姆・庫克沒有賈伯斯那種強大的「現實扭曲力場」，他為人謙和，說話聲音低沉緩慢，因為操著一口美國南方口音，因此總是給人一種從容、

沉著的「南方紳士」的感覺。在大多數人的心目中，「紳士」都是通情達理，比較好說話的同義詞，因此，提姆‧庫克在一開始管理蘋果的時候，難免會出現一些質疑的聲音和不服從管理的行為。

對於質疑的聲音，提姆‧庫克相信時間能證明一切，但對於蘋果內部的某些員工不服從管理的不合作行為，提姆‧庫克選擇了零容忍。提姆‧庫克堅持認為企業內部合作，不該僅僅視為一種美德，而應該是「一個戰略級的命令」。

2012 年 10 月 25 日，提姆‧庫克突然宣佈解雇史考特‧佛斯托爾，這個決定讓所有人都感到無比意外。史考特‧佛斯托爾是賈伯斯生前最得力的幹將之一，他在軟體設計方面才華橫溢，對互聯網發展也具有獨到眼光，蘋果能在移動領域取得巨大成功，iOS 作業系統的設計師史考特功不可沒，堪稱蘋果的干牌軟體設計師，還一度被傳是蘋果 CEO 的接班人。然而，在賈伯斯離世以後的幾個月裡，史考特不僅在蘋果內部製造分裂氣氛，他所負責的蘋果地圖和 Siri 語音助理服務也表現糟糕。iOS 6 裡表現糟糕的地圖應用，被認為是迫使史考特離開蘋果的導火線。根據《華爾街日報》報導，由於 iOS 6 的地圖應用廣受詬病，蘋果應向消費者發送道歉信，但史考特拒絕在道歉信上簽署自己的名字。

對於解雇史考特‧佛斯托爾的原因，提姆‧庫克當時並沒有說明，但他在 2012 年 11 月底接受《商業週刊》專訪時，面對記者的提問，他適當提出了一些解釋：

「這兩項變動的關鍵是，我深信，合作對於創新至關重要。這一點並不是我剛剛才意識到，我一直都是這樣認為的。這也是蘋果一直以來的核心信念，史蒂夫·賈伯斯對此也是深信不疑。

「因此，這些調整不是從不合作到合作的問題。在蘋果，合作的水準已經很高，問題的關鍵是如何將合作提升到更高級別。看看我們的偉大成品，有很多。但有一件事我認為是其他人比不了的，那就是硬體、軟體和服務的整合程度。消費者在意的就是非凡的體驗。

「因此，如何繼續保持合作傳統，並將其發揚光大，達到一個新級別？在合作方面必須要做到 A+，而你所說的高層調整就是為了幫助我們達到一個全新的合作水準。」

可見，解雇史考特・佛斯托爾的決定，是提姆・庫克深思熟慮過的，他早就想好了妥善的後備方案，才能大膽宣佈這個決定。提姆・庫克挑選接替史考特・佛斯托爾的人選是喬納森·艾維、鮑勃·曼斯菲爾德、艾迪·庫伊以及克雷格·費德里吉。

提姆・庫克不只讓喬納森·艾維繼續擔任蘋果工業設計部門負責人，還讓他負責整個公司的人機交互（Human Interface）業務。在提姆・庫克看來，喬納森·艾維有著驚人的審美能力以及最出色的設計技巧，過去十多年中，他在蘋果產品的外觀上做出了巨大的貢獻。要知道，蘋果產品的大量外觀設計，其實就是蘋果的軟體，而喬納森·艾維在領導硬體設計方面已經取得了非凡成就，如果他再負責蘋果的軟體設計，憑藉他出色的品味，他一定能夠進一步拉開蘋果和競爭對手之間的差距。

提姆・庫克說服了想要離開蘋果的負責技術的高級副總裁鮑勃·曼斯菲爾德，讓他留下來負責與矽技術相關的業務以及所有無線業務。對此，提姆・庫克的解釋是：「我們發展得很快，我們擁有不同的無線部門，我們擁有許多很酷的想法，還有一些遠大

的計畫，這一切都由曼斯菲爾德負責。除了他，已經沒有更出色的工程經理了。」

將蘋果的線上服務整合成一個部門，選擇艾迪‧庫伊額外負責 Siri 語音助理和地圖服務的相關研發工作，也是提姆‧庫克深思熟慮後做出的決定。在提姆‧庫克看來，庫伊和他的團隊此前已成功打造了 iTunes 音樂服務、APP Store 應用商店、iBookstore 電子書商店以及 iCloud 服務等產品和服務，所以這個團隊有足夠的能力繼續加強蘋果的線上服務，以滿足蘋果使用者的更高需求。

提姆‧庫克選擇讓才華洋溢的軟體工程高級副總裁克雷格‧費德里吉負責 iOS 和 OS X 兩個部門的研發工作。眾所周知，iPhone 和 iPad 所使用的作業系統不可能與 Mac 電腦的作業系統相同，但提姆‧庫克深知：iOS 和 MacOS 卻建立在同一基礎之上。在他看來，蘋果擁有世界上性能最好的移動和桌上型電腦作業系統，將這兩個作業系統的研發工作合併到一起，將使蘋果更容易在這兩個平臺上應用蘋果最新的技術和用戶體驗。克雷格‧費德里吉經常管理這些共同的元素，因此這是一個很自然的延伸：讓 iOS 和 Mac OSX 不同，但又要做到無縫協同。

在提姆‧庫克看來，他所做的這一切，都是為了打破隔閡，消除內鬥，加強整個公司的執行力。正如庫克自己所說的那樣：「我們擅長很多事情，但唯有一件事是其他人都做不到的，那就是整合硬體、軟體和服務，使大多數使用者感覺不到差異。在這種情況下，我們如何更上一層樓？只能依靠一流的合作。」喬納森‧艾維負責硬體和軟體的外觀設計，而克雷格‧費德里吉負責 OSX 和 iOS 團隊，鮑勃‧曼斯菲爾德負責無線和晶片技術，這都需要無

縫的合作。正是提姆·庫克的這些調整，讓蘋果的協同進入一個完全不同的級別。

提姆·庫克希望設計蘋果產品的想法來自於蘋果所有的數萬名員工，而不是五個人或三個人。他說：「設計的方向必須由很少的人來做出決定，但你會希望想法來自於四面八方，你想要人們去探索。」

因此，經提姆·庫克調整後的蘋果公司，每個週一的早上9點都會召開一次高管團隊會議，所有人都會準時出席。這種會議會持續四個小時，大家就公司裡所有重要的事情展開討論，包括每一種產品的發貨及其表現，產品線路圖上的每一種新產品的進展，團隊表現以及其他任何重要的事情。大家也可能就當前存在的問題和未來的路線圖進行爭論。每個週三，提姆·庫克都會與產品部門召開會議，（管理團隊中的）一部分人會與Mac部門開會，這種會議同樣也會持續幾個小時。在下一個週三，提姆·庫克會花幾個小時時間與iPhone部門開會，如此周而復始。

提姆·庫克「合作」戰略的成果顯而易見，比如iPhone 6、iOS 8和Mac OS X優勝美地系統，現在都內置了一個被稱作「Continuity」、跨iOS 8和Mac OS X Yosemite的功能。有了它，用戶可以首先在Mac上撰寫一封電子郵件，或啟動其他任務，然後在iPhone上繼續同樣的工作，甚至可以進一步轉移到iPad或Apple Watch上。Apple Pay的誕生也是提姆·庫克重視「硬體＋軟體＋服務」戰略的成果。有了Apple Pay，使用者只要在iPhone的Touch ID指紋掃描器上掃描手指，將手機對準pos機就能付款，甚至無須打開手機或應用程式。這樣的用戶體驗在提姆·庫克進

行「合作」調整前的蘋果，根本是無法想像的。

　　許多人把合作當成是一種美德，但提姆・庫克堅持認為，對於一家企業來說，合作更是一項必要的戰略。對於一家公司的CEO來說，將成千上萬員工的步調協調一致是至關重要的，這樣才能模糊或消除硬體、軟體和服務之間的界限。而要想達成這一目的，唯一的辦法就是讓所有人展開合作，不僅要好好合作，還要充分融合，以至於你再也無法區分某個人正在從事什麼工作，因為他們都無比專注於優異的體驗，甚至已經不再以職能的視角看待事情。

　　眾所周知，大雁南飛時成群結隊地以「人」或「一」字形飛行，而且領頭的大雁累了會不斷地更換。因為為首的雁在前頭開路，能幫助其左右的雁群造成局部的真空。科學家曾在風洞實驗中發現，成群的雁以「人」或「一」字形飛行時，比 隻雁單獨飛行能多飛12%的距離。

　　人類亦如此，只要懂得合作，就會「飛」得更高、更快、更遠。在專業分工越來越細、市場競爭越來越激烈的前提下，單打獨鬥的時代已經過去，合作變得越來越重要，因為合作可以產生「1+1 > 2」的倍增效果。

尋找不同的人才，是引進經驗、技術和新觀點的好方法

2013 年 6 月，提姆·庫克接受母校杜克大學邀請，參加杜克大學福誇商學院舉辦的主題為「和真正商業領袖近距離對話」的大會時，曾被問道：「針對有效合作方面，你所需的人才應具備什麼素質？作為公司 CEO，在強化這種公司合作精神方面，你充當什麼角色？」

提姆·庫克的回答是：「你應該找不搞辦公室政治的人，沒有官僚作風的人，不在乎誰獲得榮譽的人，能夠私底下慶祝所獲成就但不在乎自己是不是那個名字在燈光下光彩奪目的人。要知道，他們有更偉大的理由去做事。你應該找絕頂聰明的人，你應該找重視各種不同觀點的人，你應該找足夠關心工作的人，這樣的人就算晚上 11 點想到好點子，也會想打電話和你進行討論，因為他們對此非常激動，希望能夠往前推動這個點子，而且他們相信有人能夠幫助他們進一步推動這個點子，而不是什麼事情都由他們自己來做。要知道，至少在我這一生從沒見過，也許這樣的人是存在的，但我沒見過什麼事都能一條龍全部辦好的人。要知道，在一個足跡遍佈全球的公司裡，在我們的世界，在蘋果的世界裡，蘋果很特殊的原因，就在於我們著眼於硬體、軟體和服務，

只有當這三點結合起來，奇蹟才會出現。因此幾乎不太可能有某個自己只專長於其中一件事的人能夠讓奇蹟發生，因此必須要有人與人之間的合作，只有這樣才能生產出其他方式所不可能生產出的東西，而且必須要讓人們相信這一點。」

提姆・庫克的這段話其實可以總結為一句話：蘋果要找的人才必須是懂得合作、善於合作的絕頂聰明的人。但提姆・庫克同時認為，蘋果合作戰略的最根本前提是尋找不同的人才，因為這是蘋果引進經驗、技術和新觀點的最好辦法。

2014 年，提姆・庫克一直在大張旗鼓地為蘋果廣納賢才，他為蘋果招徠了不少引領潮流風尚的成功人士，比如瑞士製錶名家泰格豪雅負責銷售的副總派翠克·普朗尼奧克斯、時裝品牌伊夫·聖羅蘭的前 CEO 保羅·德內夫，以及協助蘋果經營實體店的巴寶莉 (Burberry) 前 CEO 安吉拉·阿倫茨。

許多人認為提姆・庫克此時廣招志士，不過是要尋找那些懂得如何透過銷售手錶獲得豐厚回報的人才，其實不止如此，提姆・庫克更希望透過此舉讓蘋果公司內部多一些不同類型的觀點，讓蘋果公司更加多樣化。2014 年夏季加入了蘋果董事會的蘋果最大的股東——資產管理公司貝萊德的創始合夥人兼主管蘇珊·瓦格納對於提姆・庫克的真實意圖十分清楚：「庫克非常專注於尋找類型多樣的人才，這並不是為了簡單地實現員工多樣性，而是一種引進經驗、技術和新觀點的方法。」

智慧手機的流行以及應用商店所形成的現成市場，為許多新生代軟體發展者提供了巨大的成長機會。自 2008 年建立旗下應用商店以來，蘋果已向開發者支付 200 億美元，而在 2013 年這一年

裡，蘋果就向開發者支付了大約 100 億美元，蘋果最大的競爭對手谷歌也在這一年向應用開發者支付了 50 億美元，因此「軟體神童」也成了提姆・庫克極力招納的對象。

為了招納「軟體神童」，提姆・庫克在 2012 年將參加蘋果公司開發者大會人員年齡從 18 歲降低至 13 歲，並且讓獲得獎學金的年輕人免交 1600 美元的註冊費。在 2014 年的蘋果公司開發者大會上，蘋果更是發佈了新程式語言 Swift，大大簡化了應用開發過程，此舉就是為了讓更多的「軟體神童」出現。

2014 年，一位年僅 14 歲的紐約少年格蘭特·古德曼成為蘋果獎學金得主，他也是提姆・庫克極力要招納的「軟體神童」之一。

儘管格蘭特·古德曼在 2014 年 9 月才成為一名高中新生，但他已經在蘋果應用商店發佈了兩款應用軟體。2013 年，蘋果從 iPhone 移除預裝的 YouTube 應用程式時，古德曼就覺得他的機會來了。他很快開發了一款不帶廣告的應用 Prodigus，這款應用能夠不卡而流暢快速地播放網路視頻，一經發佈就大受好評。

古德曼不只為蘋果開發應用，他也為蘋果的競爭對手谷歌開發應用，他已經為 Google Glass 開發了一款應用，能夠顯示具有網路連接功能的該眼鏡顯示剩餘多少電量。不過古德曼表示，他還是更願意為蘋果的 iOS 設備開發應用，因為他對這家 iPhone 製造商及其所強調的簡潔「著迷」。

在 2014 年的 WWDC 大會上，提姆・庫克曾宣佈要對線上 APP Store 進行「重整」：APP Store 在 2014 年將會隨著 iOS8 的發佈迎來一次重大改版，一些非常實用的新功能將會在未來的 APP Store 當中出現。比如強化應用發現性能、應用捆綁打折、內置測

試功能等等。如何進行「重整」呢？提姆・庫克認為進行「重整」的最好方法就是招聘不同的人才，於是蘋果開始在蘋果官網上發佈多起招聘資訊，尋找有經驗、有獨到見解、有能力的「廣告策劃」和「數位市場管理」人才，為打造嶄新的 APP Store 出謀劃策。而 2014 年的 APP Store 確實有了很大的改進，比如開始大力整頓 APP Store 排行榜，採用人工刪除的方式清除刷榜和虛假的評論，以還原一個公平、活力的 APP Store；開始在 APP Store 推薦一些受歡迎的應用，比如「編輯選薦」「最佳應用專題」「特色專題」等等；在 iOS 8 中添加一個「家庭共用」的功能，允許家庭成員共用已購買的應用等。可見，提姆・庫克確實尋找到了多樣化的人才，從而為蘋果公司引進了許多經驗、技術和新觀點的，才得以有 APP Store 此番大大的改進。

現代「管理學之父」彼得・杜拉克認為，人才作為企業的一種最重要的資源，決定著企業的核心競爭力。能否招募到優秀合適的高級人才往往決定著企業在市場上具有多大的競爭力。所以要不惜一切代價來網羅人才，讓最優秀的人才為我所用，並且分配到能產生最大效益的位置上。

為使最優秀的人才為其所用，在蘋果產生最大的產品效應，史蒂夫·賈伯斯和其他蘋果高層管理人員在 2008 年創辦蘋果大學，它是培養蘋果中層員工和管理人員的培訓機構。為了保持蘋果文化的活力，賈伯斯還特別聘請前耶魯大學商學院院長喬爾·波多爾尼擔任第一任蘋果大學校長。蘋果公司非常鼓勵員工積極參與到這一項目中來，希望員工可以透過蘋果大學更清晰的瞭解蘋果的企業文化與運作模式，並獲得一些專業的指導。為了保證課程的

品質，蘋果的管理層都親力親為的負責運作蘋果大學，喬爾還從不少知名的商學院聘請教授來開發課程。但由於賈伯斯對蘋果公司的保密要求，蘋果公司員工對蘋果大學也一直是三緘其口，因此外界人士一直難以對蘋果大學有深入瞭解。

提姆・庫克接手蘋果公司後，為了替蘋果公司儲備更多的人才，他決定進一步發揮蘋果大學的作用，他在 2014 年 10 月對中國區零售業務部門高管召開的一次會議上，首次透露了蘋果公司正準備將位於庫比蒂諾市的蘋果大學擴展至海外，而中國將成為其海外分校的首個試點。提姆・庫克解釋，在中國設立蘋果大學的目的是為了教授不斷增長的蘋果中國員工和經理，讓他們瞭解企業「遺產和文化」。蘋果是一家「向前看的組織，不會回頭看」，因此他不希望美國和中國之間存在太大的鴻溝。在中國開設蘋果大學，儲備更多中國本土人才，不僅能幫助蘋果在銷售和營運之外更多地融入中國市場，同時也意味著蘋果的全球性影響力又將會更進一步，這可真是提姆・庫克的一著妙棋。

恩格斯曾講過一個關於法國騎兵與馬木留克騎兵作戰的寓言：

騎術不精但紀律很強的法國兵與善於格鬥但紀律渙散的馬木留克兵作戰，若分散而戰，三個法國騎兵戰不過兩個馬木留克騎兵；若百人相對，則勢均力敵；而 1000 名法國騎兵必能擊敗 1500 名馬木留克騎兵。原因在於，法兵在大規模協同作戰時，發揮了協調作戰的整體功能，說明系統的要素和結構狀況對系統的整體功能起著決定性作用。

這個寓言說明的是領導者對於人才使用，要爭取做到整個隊伍的構成呈優化組合狀態。所謂優化，絕不是最優秀人才的聚集，

而是各類專門人才的匯總。通常來說，一個團隊中要有這樣一些人才：有高瞻遠矚、多謀善斷、具有組織和領導才能的指揮型；有善解人意、忠誠積極、埋頭苦幹的執行型；有公道正派、鐵面無私、心繫群眾的監督型；有思想活躍、知識廣博、善於分析的參謀型⋯⋯如果團隊中全是同一種類型的人才，那肯定做不好工作。只要合理地搭配人才隊伍，就能做到人盡其才、各展所長，整個團隊才更具戰鬥力。

蘋果並不完美無缺，因此我需要做出努力彌補

　　2014 年 8 月，蘋果公佈了一份內部的《員工多樣性報告》，報告中列出了蘋果員工的性別和種族比例：按人種區分，白種人佔比為 55%，亞洲人比例為 15%，拉美裔人比例為 11%，黑人為 7%。此外，還有 9% 的員工拒絕透露自己的種族，1% 員工選擇了其他種族，2% 員工為混血；按照性別區分，男性佔全部員工的 70%，此外，男性佔有非技術員工的 65%，技術員工的 80%，蘋果領導團隊的 72%。可見，在蘋果公司裡，男性員工比例遠高於女性，且白種人在數量上佔絕對優勢。

　　對於這份報告統計出來的資料，身為蘋果公司負責人的提姆・庫克並不滿意，他認為蘋果公司在員工多樣性方面做得還不夠，今後仍需要更多努力。提姆・庫克同時表示，除在種族和性別兩方面外，蘋果公司也歡迎殘疾和擁有不同性取向的員工加入團隊。

　　在美國矽谷，種族歧視和男女平等的話題非常敏感，因此蘋果的一些股東其實並不贊成蘋果公司發佈有關員工多樣性的報告。但在美國人權維護者看來，科技公司公佈員工多樣性報告其實能夠真實反映員工在性別和種族等方面分佈不平衡的狀況，對企業進行人性化管理改革有著極大的幫助。而提姆・庫克明顯站在美國人權維護者這一邊：「有人認為我們不應該發佈這份報告。我不這麼看……報告顯然告訴大家，我們並不是一家完美無缺的

公司，因此我們需要做出努力彌補。那樣就會好起來。」

由此可見，提姆・庫克領導下的蘋果越來越開放，越來越理性，面對蘋果公司業務中存在的弱點，他選擇坦然承認，並能夠在必要時向外界尋求幫助。因為在他看來，合作是蘋果勢在必行的戰略。

2014 年 7 月 16 日，提姆・庫克宣佈蘋果與 IBM 建立合作夥伴關係，將聯手透過 iPhone、iPad 和專門的商用應用進軍企業市場。提姆・庫克的這一選擇讓蘋果觀察者大為震驚，因為這是蘋果粉絲、批評者以及專家們從來沒有想到的，要知道，蘋果和 IBM 一直都是「死敵」，蘋果聯合創始人史蒂夫·賈伯斯甚至還在 1983 年 12 月跑到 IBM 的紐約總部門口對著 IBM 的 LOGO 豎起了中指，而這一照片直到多年後才由 Mac 早期研發團隊成員安迪·赫茲菲爾德發佈到網路。

但在提姆・庫克看來，蘋果公司要保持飛速發展，既不能沉迷於過去的輝煌，也不能抓住過去的宿怨不放，如果昔日的競爭對手如今能成為很好的合作夥伴，共謀雙贏局面，何樂而不為呢？要知道，蘋果和 IBM 雙方在過去十年形成的科技經濟中幾無競爭關係，因為 IBM 早在 2004 年脫離了 PC 業務，如今也不再涉足消費者市場，而蘋果在企業軟體市場也沒什麼影響力，只不過向企業出售大量的電腦、手機和平板電腦產品。眾所周知，蘋果的 iPad 正在逐步滲入企業領域，iPad 在《財富》500 強當中的部署率早已超過 90%，但如果沒有 IBM 的合作，蘋果想要自己進行業務滲透幾乎是不可能的，而 IBM 也渴望在後 PC 時代鞏固自己在企業領域的地位，所以兩者之間的合作看起來是水到渠成，因為合

作會讓蘋果和 IBM 的企業收入更上一個臺階。

　　提姆·庫克在接受了美國著名脫口秀主持人查利羅斯採訪時，曾專門解釋過蘋果為何長期以來一直沒有強勢進軍企業領域的原因：「真正的答案就是應用問題。我們一直缺少足夠的非常深度垂直的應用，比如像航空公司飛行員做的那些應用，或者是像銀行出納員做的那些應用。」在提姆·庫克看來，解決這個問題的最好方法，就是與在企業領域具有類似豐富經驗的合作方展開合作。

　　於是提姆·庫克開始了與 IBM 的 CEO 維吉妮亞·羅梅蒂長達幾個月的交流協商，最終於 2014 年 7 月達成協議。IBM 將會打造將近 100 款涉及多個領域的專業 iOS 應用，包括金融、電信以及醫療等等。按照計畫，首批 IBM 訂製的專業應用將會在 2014 年結束之前發佈，剩下的也將會在 2015 年一一上線。除了應用之外，蘋果和 IBM 的合作還涉及服務、支援和移動設備的管理。總之，在 IBM 的幫助下，蘋果將更快地打入企業市場。正如提姆·庫克本人所說的那樣：「他們（IBM）在許多垂直服務方面擁有豐富的知識，他們還擁有強大的銷售力量，因此 IBM 將能夠給蘋果公司提供足夠的企業領域相關的知識和經驗。」

　　很多白領人士在工作時可能都有一個很深的體會：為企業訂製的應用很少會為用戶體驗而設計，因為開發這些應用的是工程師，而不是設計師，所以它們使用起來很不方便，同時也很粗糙。這時候，就需要蘋果上場了，因為蘋果在用戶體驗和設計方面的功力眾所周知。IBM 開發出應用，然後蘋果就透過他們的工具和技術設計使用者介面，這樣的合作真可謂是天作之合。

　　對於蘋果和 IBM 的此次合作，提姆·庫克本人給予了很高的評價：「如果拿拼圖來打比方的話，那兩家公司會很好地拼在一起，它們可以說是兩塊沒有重合的拼圖。我們都擁有工程文化，因此放在一塊的話，雙方的團隊會相互受益。展開合作會讓雙方最終得到比自己單打獨鬥要好的結果。」「我們擁有他們所需的東西，他們也擁有我們所需要的東西。對我自己而言，這將是一種非常完美的結合。」

　　對於這次合作的前景，IBM 的 CEO 維吉妮亞·羅梅蒂也十分看好：「我們都認為彼此是各自市場的代表……我們確實需要對行業進行重塑，釋放企業還未獲得的價值……我們帳下有著相互補充的資產組合。我們擁有大資料、分析技術、整合技術和雲服務。而他們則擁有設備、開發環境和易用性。因此，雙方可謂天作之合。」此外，維吉妮亞羅梅蒂還對提姆·庫克本人給予了高度評價：「庫克是標準的現代 CEO，他對什麼該做什麼不該做有清晰的想法。」

　　在專業分工越來越細、市場競爭越來越激烈的前提下，單打獨鬥的時代已經過去，合作變得越來越重要，因為合作可以產生「1+1 ＞ 2」的倍增效果。一個人要成功，要達到自己的目的，就必須要善於借助外界的力量。一家企業要發展，也要善於借助外界的力量。

　　恒大地產集團董事局主席許家印就深諳合作對企業發展的重要性。他曾說：「恒大有今天是我們在座各位合力的結果。一個企業要度過難關，要走向輝煌，光靠企業內部是不行的，而是要靠很多實力非常強大的戰略合作夥伴。在這點上，恒大非常清醒。

所以我們在 2004 年的時候，就提出了要打造精品，並開始運作建立戰略聯盟關係。在建築施工領域，我們選擇中國前十強企業進行合作，這是恒大當時的標準。後來由於工程量過大，地區公司可以找省內前三大企業。為什麼在六年前就這麼決策？因為要打造恒大百年老店，並長期立於不敗之地，這就是一個堅實的基礎。強強聯手就是無敵的。」

「強強聯手」實際上就是資源整合的過程。整合資源是一個優勢互補、能力互助的過程，其關鍵就是要找到自己的優勢，看清自己還有哪些地方是需要改進的，從而與對方開啟合作之路。當社會競爭越來越激烈時，合作也會越來越頻繁，能夠從自己的缺陷著手，投對方所好，有效地整合雙方的優勢資源，必能創造巨大的經濟效益。

提姆・庫克認為蘋果需要更多企業客戶，但他又不希望增加銷售人員，於是他選中了具有強大銷售管道的 IBM 作為合作夥伴，這樣能充分利用雙方公司的優勢，而且幾乎不會遇到競爭者，真是一樁完美的交易，可見在資源整合方面，提姆・庫克確實是一位高手。

收購是為了生產偉大的產品，而非提高收入

2014 年 5 月，提姆・庫克宣佈：蘋果公司將以 32 億美元的價格收購 Beats。提姆・庫克還為此向蘋果公司全體員工發送郵件，談到了蘋果在公司歷史上對音樂業務的專注，在收購完成後蘋果和 Beats 如何整合，以及為何這筆收購非常重要。

Beats 是美國知名耳機製造商，並於 2014 年推出了一項音樂訂閱服務。然而，對於蘋果的這項巨額收購案，業內人士並沒有像當初 Facebook 花 190 億美元收購 WhatsAPP 那樣表示驚羨，反而更多地表現出對提姆・庫克這項收購決定的質疑。

在密切關注蘋果的評論家看來，Beats 也許對很多有才幹的人來說是一家很好的公司，但它不是一家專注於生產全世界最好的產品的公司。而且，Beats 耳機遭到評測界的普遍批評，Beats 的流媒體服務在業內人士看來也只能算是二流的服務。

有媒體評論提姆・庫克的這項收購：「該筆交易體現了庫克在產品更新上的拙劣無能，他只能透過資本運作和行銷贏得市場，而這與蘋果的初心背道而馳。」

資深蘋果評論家約翰格魯伯也對這項交易十分不理解：「Beats 沒有任何一丁點像蘋果。蘋果收購 Beats 既不像是為了品牌，也不像是為了硬體。如果蘋果想出售價格昂貴的高端耳機，它根本沒必要花 30 億美元。Beats 的流媒體服務很有趣，但是蘋果難道不會

自己開發一款類似的服務嗎？比如作為 iTunes Music Store 和 iTunes Radio 的擴展服務。」在他看來，如果蘋果真想擁有一款流媒體產品，它應該去收購 Spotify 或 Rdio（Spotify、Rdio 皆為著名的流媒體音樂服務商），畢竟那兩家公司才是流媒體行業的佼佼者。

當然，也有媒體表示支持提姆‧庫克的這個決定：「該收購顯示出庫克決策上的果敢，他也終於擺脫了賈伯斯的保守作風，為蘋果打上了自己的印記。」

美國用戶點評及社交商務平臺 Bazaarvoice 的高級副總裁阿里‧帕帕羅也對提姆‧庫克的這一舉動表示了讚美：「這是一項天才的交易。高利潤，無風險，協同效應高，它不會稀釋蘋果品牌的價值。」阿里‧帕帕羅之所以這麼說，是因為據說 Beats 在 2014 年的營收將達到 10 億美元。

Re/code 網站編輯彼得‧卡夫卡也曾表達過同樣的看法：「以 3 倍於收購目標年收入的價格收購一家耳機公司並不是太糟糕。Beats 耳機的售價並不低，因此這部分業務是可以盈利的。」在他看來，Beats 的流媒體服務才是蘋果真正想要的東西。而且，由於 Beats 本身可能就能夠贏利，蘋果等於是免費獲得了一項流媒體服務。另外，32 億美元對於擁有 1500 億美元現金的蘋果來說，不過是「九牛一毛」而已。

面對這些猜測和質疑，提姆‧庫克覺得沒有必要沉默，因此他在 2014 年 5 月接受美國科技投資新聞資訊網（Re/code）採訪時，提出了明確的解釋。

在採訪的一開始，Re/code 就開門見山地向提姆‧庫克發問：「這樣的大宗收購很不尋常，你為什麼會想要收購 Beats？」

　　提姆‧庫克的回答很乾脆也很詳盡：「都是為了音樂。我們一直都相信，音樂是社會和文化的關鍵組成部分。音樂業務是蘋果的核心。蘋果人對音樂的執著已融入骨血之中。Mac 剛上市的時候，主要就是針對音樂家銷售。在 iPod 和 iTunes 音樂商店的幫助下，我們加快了音樂產業與數位音樂的革命。

　　「所以，我們一直都很喜歡音樂，相信音樂的力量，相信音樂可以超越語言、文化，將所有人凝聚在一起並產生深厚的感情，這是其他所有東西都做不到的。但現在，我們正站在技術和人文科學的十字路口。

　　「Beats 給蘋果帶來的是一幫擁有罕見技能的專業人才。他們的技能也許不是天生的，卻非常特別。他們對音樂有深刻的理解，我相信這些人能給蘋果注入一些新的東西。

　　「透過收購 Beats，我們還能得到一個音樂訂閱服務。此外，Beats 還建成了獨一無二、讓人難以置信的高端耳機業務。我自己也是 Beats 耳機的粉絲。

　　「我們總是著眼於未來。所以重要的不是今天蘋果和 Beats 能做什麼，而是未來我們能做什麼，我們在一起會碰撞出怎樣的火花。

　　「從財務方面來說的話，我們兩家公司在短時間內就能實現協同效應。利用蘋果在全球範圍內影響力的優勢，將訂閱服務和耳機產品推廣向更多國家，諸如此類。

　　「根據推測，在 2015 年度我們就能『回本』。你也知道的，距離 2015 年度只有幾個月而已。

　　「真正讓我們感到興奮的是，我們在一起能做到分開做不到

的事情。」

但在 Re/code 看來，蘋果從 2003 年就開始銷售數位音樂了，完全可以推出自己的音樂訂閱服務，而且蘋果也很擅長硬體。對於 Re/code 的這個看法，提姆・庫克當場進行了反駁：「只要有夢想，就沒有做不到的。但這不是問題的關鍵所在。Beats 給蘋果帶來的是一個良好的開端，給我們帶來人才，人才可不是俯拾皆是的。這些人都擁有創意的靈魂，和我們志趣相投。⋯⋯吉公尺和 Dre（指 Beats 的創始人吉公尺·艾歐文和 Dr.Dre，前者為環球唱片下屬公司董事長，後者為美國著名的饒舌歌手）創建了一些非凡的東西，他們有驚人的能力。從交易獲准的那一瞬間開始，我們就能立即進入工作之中。」

和喜歡囤積資金而不進行大型收購的賈伯斯不同，提姆・庫克認為收購能夠幫助蘋果更好地生產偉大的產品，「我們從來沒有什麼都要靠自己，而不能直接獲得的心態」，因此蘋果一直有在收購一些公司，只是蘋果公司不習慣把一切都說出來而已。從 2013 財年至今，提姆・庫克已經帶領蘋果公司收購了 23 家公司。

其實，早在 2013 年 2 月的高盛技術與互聯網大會上，提姆・庫克就表明了蘋果公司在收購方面一直堅持著「深思熟慮」的原則，因此蘋果公司一直在積極收購規模相對較小的公司，因為這樣的收購交易更符合蘋果公司的利益。

在會上，提姆・庫克表示：「在過去的 3 年（2011 ～ 2013 年）裡，我們平均每個月都會收購一家公司。那些被收購的公司都有高素質的人才或智慧財產權。一般而言，我們一直在利用他們所開發的技術並將那些技術應用到其他的產品上。」為了更好地說

明這一點，他甚至還舉了蘋果收購 PA Semiconductor 交易的例子：
「這是一個擁有非凡技術的團隊，當時他們正在開發 PowerPC。我
們對那沒什麼興趣，因此我們將那些技術應用到我們的 iPhone 和
其他引擎上面。我們還會繼續這麼做。」

同時，提姆・庫克也表示蘋果公司一般不會收購大型公司，
當然如果機會合適，蘋果公司也不會反對這樣的收購交易。之所
以不考慮收購大型公司，提姆・庫克的解釋是：「我們也評估規
模較大的公司。但是每一次，規模較大的公司都沒能通過我們的
測試。我們以後是否還會繼續評估大公司呢？我想是的。但是我
們是有嚴格的紀律和想法的，而且我們也沒有必要透過收購大公
司來提高公司收入。我們希望生產出偉大的產品。如果哪家大公
司能夠幫助我們生產出偉大的產品，我們會有興趣收購它的。但
是，我要重申的是，深思熟慮是我們在收購方面的大原則。」

在急劇變化的市場競爭中，商品的更新換代速度非常快，僅
僅依靠自身的研發顯然難以跟上市場的變化，因此收購新市場中
富有潛力的公司，收攏其技術和人才，並迅速推出新產品就成為
企業的絕佳策略。很明顯，提姆・庫克深諳這一點。

第五章
我們推崇簡單，而不是複雜

做最好的事很難，最好的事情是最簡單的，想出一個複雜的方法來做事不難，難的是想出一個簡單的方法。在研究這些事情上，必須要集中深入，而不可以太寬泛。

——提姆·庫克

庫存就是魔鬼，「零庫存」才是完美狀態

蘋果成功的秘密究竟是什麼？大多數人會說：蘋果之所以能成功，是因為蘋果擁有賈伯斯，一個深諳商業哲學和引導消費者需求的天才。而熟悉蘋果公司的人知道，賈伯斯對蘋果的貢獻不止於此。

眾所周知，賈伯斯對蘋果最大的一個貢獻就是對於簡單的專注。

賈伯斯認為，簡單才是最重要的原則，他不喜歡複雜，而要做到簡單，就必須要進行深入的思考。因此，蘋果產品的設計思想就是：極致的簡約。蘋果追求的是能讓產品達到在現代藝術博物館展出的品質。賈伯斯管理公司、設計產品、廣告宣傳的理念就是一句話：「讓我們做得簡單一點，真正的簡單。」蘋果奉行的這一原則也在它的第一版宣傳冊上得到了突顯：「至繁歸於至簡。」

所謂「至繁歸於至簡」，就是能夠把複雜的工作簡單化，這是工作的最高境界。

賈伯斯在營運 NeXT 公司時，IBM 公司的人帶著計畫書來找賈伯斯談合作，期望獲得其開發系統的使用權。那份計畫書做得非常細緻，總共有 100 多頁。不過，賈伯斯拿到之後看都沒看就丟進了垃圾桶。

因為在賈伯斯看來，一份好的計畫書最多 5、6 頁就夠了。

早年的電腦技術主要是強調技術，而賈伯斯則率先關注了設計以及使用的簡單和便捷性，這也為他在後來推出產品的特性奠定了基礎。

蘋果的首席設計師喬納森在談到 iPod 時說：「賈伯斯很早就意識到，不要只在硬體技術上大做文章——這正是產品變得複雜而後因此而亡之處。」

事實上，最早設計出來的 iPod 在硬體上就有支援收聽廣播和錄音的功能，但後來這些功能都沒有被採用，因為賈伯斯害怕 iPod 的功能會因此而複雜。賈伯斯曾說：「與眾不同不是目的，創造一個與眾不同的東西其實非常容易。而真正令人興奮的是，與眾不同是追求極簡產品這一理念的結果。」

提姆・庫克當初之所以能被賈伯斯挑中，來解決蘋果公司當時混亂的供應鏈問題，就是因為他也像賈伯斯一直推崇簡單，而不是複雜。

提姆・庫克認為：「最好的往往是最簡單的，最簡單的反而是最難做的。」提姆・庫克一進入蘋果公司，就發現當時蘋果公司的營運只能用「一團糟」來形容：庫存過多、製造部門效率低下，虧損巨大，單是 1997 財年，蘋果的損失就超過 10 億美元。

蘋果公司當時製造部門的效率到底有多低效呢？有一個很典型的例子最能說明：蘋果公司把從亞洲運去的電腦部件在歐洲愛爾蘭的一家工廠裡組裝成筆記型電腦，然後將其中的很大一部分又運回亞洲市場銷售。

賈伯斯相信，提姆・庫克有辦法能改變這一切，因為當時的提姆・庫克已經擁有 16 年 IT 業從業經驗，尤其是擁有多年庫存

管理、製造和分銷運作經驗。自 1982 年從奧本大學畢業，提姆‧庫克就進入了 IBM 工作，一直到 1994 年，任職長達 12 年，他的主要工作就是負責 IBM 的 PC 部門在北美和拉美的製造和分銷運作。在離開 IBM 後，提姆‧庫克又進入了批發商 Intelligent Electronics 公司，擔任該公司電腦分銷部門的首席營運長。而在加入蘋果公司前，提姆‧庫克剛轉投康柏 6 個月，負責康柏的材料採購和產品存貨管理。

提姆‧庫克曾說：「庫存基本上就是魔鬼。」正常情況下，庫存產品的價值會在一週內跌掉 1%～2%，因此提姆‧庫克認為：「你要像從事乳製品行業一樣管理公司，如果乳製品過了保鮮期，問題就來了。」

提姆‧庫克在蘋果上任後，做的第一件事，就是對電腦製造業務進行大筆的帳面減記。減記，一般用來指資產帳面價值的降低。也就是說，一項資產的價值縮水，導致該項資產的帳面值高於其當前實際價值，按會計準則將其帳面值減記至反映其當前實際價值的水準。但提姆‧庫克心裡很清楚，僅僅帳面減記是不夠的，他必須要採取實際的行動。

提姆‧庫克採取的第一個實際行動，就是選擇將一些簡單的非核心業務外包給其他公司，這樣蘋果能夠將自己最擅長的設計和行銷的價值發揮到極致。也就是說，蘋果公司只負責設計，而將生產交給其他公司來完成。比如，蘋果過去一直生產 PC 主機板，但在 1998 年的調查中，提姆‧庫克發現，一些生產商的主機板已經優於蘋果生產的主機板，於是提姆‧庫克就決定將這一業務賣掉，並將生產外包給這些生產商。

提姆‧庫克採取的第二個實際行動，就是推動蘋果的部件供應商在地理上貼近製造商的產品組裝廠，這樣才能減少諸如上述「從亞洲到歐洲再回到亞洲」的此類循環，最重要的是能使供應商把部件保留在自己的庫存裡而不是蘋果公司。既然產品部件大多保留在製造商的倉庫，那蘋果在世界各地的工廠和倉庫的作用自然就沒有原來那麼大了，其中的 10 家被相繼關閉也就是順理成章的了。

提姆‧庫克的這番實際行動導致的結果，就是庫存產品在蘋果資產負債表上存在的時間迅速從以月計算降為以天數計算。截至 1998 年 9 月 25 日，蘋果只維持著 6 天的庫存量，相當於 7800 萬美元的商品價值，這比上年的 31 天庫存量和 4.37 億美元商品價值大幅降低。到了 1999 年年底，庫克進一步把該數字擠壓為 2 天和 2000 萬美元。

對於提姆‧庫克在蘋果供應鏈方面做出的成績，賈伯斯十分滿意，他曾在 2000 年接受《商業週刊》採訪時說：「提姆‧庫克是我迄今招來的最好的員工。」要知道，在蘋果前 COO 詹姆斯‧麥克魯尼 1997 年離開後，賈伯斯曾經難以找到合適人選。據《華爾街日報》的描述，賈伯斯曾經以其典型的粗暴方式拒絕了好幾位求職者，甚至有一次面談未結束就拂袖而去。但對於提姆‧庫克，賈伯斯卻是委託獵頭公司三番四次約見，直到最後將其招至麾下。賈伯斯為什麼這麼看好提姆‧庫克呢？賈伯斯本人的說法是：「我不能從公司內部挖掘潛力，也沒有從我認識的人當中發現合適人選，這項工作整整持續了九個月，直到我們找到提姆‧庫克。在提姆加盟蘋果以後，我們從根本上改變了 PC 業務的供應流程。」

　　蘋果產品庫存量減少的直接後果，就是使蘋果公司整個產品線的利潤大幅上升。1998 年，蘋果公司的毛利從前一年的 19% 上升至 25%，到 2010 年已經達到 39.4%。

　　為了表彰提姆・庫克在營運方面做出的出色成績，蘋果公司董事會給予其一份「特別獎勵」：80 萬美元年薪和 500 萬美元獎金，以及 5 萬股蘋果限制性股票，總金額高達 5910 萬美元。

　　賈伯斯交給提姆・庫克的第一份任務，就這樣被他漂亮地完成了，因此他獲得了賈伯斯的深度信任，他開始從賈伯斯手中獲得越來越多的任務。2000 年，賈伯斯把全球電腦銷售和客戶支援部門交由提姆・庫克負責。2004 年，賈伯斯又把 Mac 部門交給提姆・庫克主管，2005 年，賈伯斯將入職蘋果公司只有七年零七個月的提姆・庫克升為首席營運長，開始領導蘋果所有的部門。對於提姆・庫克的這次升職，賈伯斯還專門對蘋果公司的員工做了說明：「在過去的兩年多時間裡，提姆・庫克在業務上取得的成就大家有目共睹，這也是本次公司認可他升職的主要原因……我相信提姆・庫克將帶領蘋果走向未來，實現更加令人激動的目標，我希望大家能在以後的工作中支持他，理解他。」在賈伯斯決定卸任蘋果 CEO 職位後，更是大力將提姆・庫克推上了蘋果公司新 CEO 的位置，足見賈伯斯對提姆・庫克能力的認可。

　　因為在蘋果供應鏈方面做出的傑出貢獻，提姆・庫克還在 2005 年 11 月 18 日被國際知名運動品牌耐吉董事會選為第 11 位董事會成員，主要負責耐吉的網上銷售以及賣場的消費者體驗活動的營運管理。對此，耐吉的解釋是：「擁有從全球化生產到經營管理方面的各種豐富經驗，擁有在全球知名品牌企業工作的豐富

經驗以及專業技術方面的高深造詣的提姆‧庫克，一定會成為耐吉的寶貴財富。」要知道，除了提姆‧庫克，蘋果公司沒有任何要員可以在其他公司兼職，這充分說明賈伯斯是多麼偏愛提姆‧庫克。而提姆‧庫克這 3 年多來的表現，也確實沒有讓天堂裡的賈伯斯失望。

現代社會，人們似乎總有忙不完的事情，當忙完後才發現大多數時間是做無效的工作。事實上，隨著工作步調愈加複雜與緊湊，很多時候我們都將原本的簡單問題複雜化了，給自己徒增麻煩。在這種情況下，保持簡單是最好的應對原則。

簡單思維，有一個較為有名的法則——「奧卡姆剃刀」。該理論的提出者奧卡姆‧威廉有一句著名的格言：「如無必要，勿增實體。」不要把事情看得那麼難，那樣只會使人處於自我束縛中。許多問題解決起來，既不需要太複雜的過程，也不必要有太多的顧慮，絕妙常常是存在於簡單之中的。

根據奧卡姆剃刀這一原則，對任何事物準確的解釋通常是那種最簡單的，而不是那種最複雜的，這就像音響沒有聲音，我們總是會先看看是不是電源沒有接好，而不會馬上就將音響拆開檢查是否哪條線路壞了。

所謂大道至簡，能夠把複雜的工作簡單化，才是工作的最高境界。

誰佔據了專用性資源，誰就抓住了競爭的主動權

2014 年 5 月 22 日，市場研究機構 Gartner 在美國鳳凰城舉行的供應鏈管理者大會上，宣佈了全球供應鏈 25 強名單，蘋果公司以三年加權總資產收益率 20.5%、庫存周轉率 69.2%、三年加權營收增速 31.2%的成績再次榮膺冠軍，這已經是蘋果公司連續 7 年奪得該榜單冠軍了。

Gartner 之所以發佈這份報告的目的，是希望使企業更好地意識到供應鏈管理的重要性及其對企業自身的影響。正如 AMR Research 副總裁凱文·奧馬拉所說：「透過將產品和流程創新整合到供應鏈營運和自覺管理中，同時管理和塑造用戶需求和生產並履行指責，包括 25 強在內的各大企業正在不斷提升供應鏈管理水準，而不僅僅是運送貨物那麼簡單。」

蘋果產品的成功，儘管在很大程度上要歸功於賈伯斯天才的領導和顛覆的創新，但如果沒有一條強大供應鏈的保障，賈伯斯的天賦也只能是幻影。而打造這條強大供應鏈的人就是提姆・庫克。

在提姆・庫克看來，IT 產業變化迅速，同時產品製造複雜精密，產業供應鏈中存在許多關鍵節點，這就產生了一種將供應鏈變成戰略行動的可能：佔據專用性資源，牢牢抓住供應商，並打擊競爭對手。這就是蘋果大手筆的供應鏈戰略投資的動力所在。

　　什麼是專用性資源呢？專用性資源，是指只有當該資源和某個特殊的用途結合在一起的時候，這種資源才是有價值的，否則它的價值基本上體現不出來，或者即使有價值，與為了獲得這項資源所進行的投入相比，資源的所有者也是受損失的。而且，資源的專用性越強，其所有者在和別人進行談判時的「籌碼」也就越少。但在提姆‧庫克看來，專用性資源的這些特性正是推崇創新的蘋果所需要的，它能幫助蘋果在競爭中獲得主動權。

　　提姆‧庫克在改進蘋果的供應鏈時，最看重的就是效率。因此，當他發現當時很多公司都透過海運而不是空運來獲取零部件，因為海運成本要比空運成本低得多，覺得蘋果應該佔據空運這種專用性資源。1997 年，為了確保新款半透明 iMac 能在次年耶誕節期間全面鋪貨，提姆‧庫克竟然用 5000 萬美元的天價買斷了聖誕購物季期間所有可用的空運空間。這一舉措令康柏等臨時想要增加空運訂單的競爭對手陷入絕望。

　　在 2001 年 iPod 即將上市之際，提姆‧庫克再次透過空運將產品從中國的工廠運送到消費者的門口。曾經有一名惠普員工訂購了一部 iPod，當他在幾天後收到訂單時，透過蘋果網站追蹤這款產品的行蹤，發現它竟然經過了環球旅行，他深深地為蘋果瘋狂的舉動感到震驚。

　　在提姆‧庫克看來，只要有必要，便可以投資，並透過長期的規模效應獲得利益——這種思路已經貫穿在蘋果的整個供應鏈中，起點則是設計階段。

　　2006 年，蘋果設計主管喬納森‧伊夫在為下一代 MacBook 做設計時突發奇想，想要在新產品上增加一項新功能：在螢幕上方設

計一個小綠燈,穿過電腦的鋁製外殼指示攝像頭的位置。但要將這個想法付諸實踐,喬納森面臨一個很大的問題,那就是:從物理學上講,光線是不可能穿過金屬的。於是,喬納森打電話給一些製造專家和材料專家,希望找到一種方法,把不可能變成可能。這些專家在經過多次試驗後發現一個可行的辦法,那就是:利用雷射在鋁製外殼上打一個人眼幾乎無法識別但足以讓光線穿過的小孔。這樣,擺在喬納森面前的問題就變成了:蘋果需要雷射器,大量的雷射器。專家們發現,有一家美國公司為微晶片製造廠商提供的雷射設備經過一些改進後,可以勝任這項工作,每臺雷射設備當時的售價約為 25 萬美元。

設計是喬納森的強項,談判就不是他所擅長的了,於是,與那家微晶片製造廠商接洽談判的任務就落到了當時擔任蘋果公司 COO 的提姆‧庫克身上。談判可是提姆‧庫克的強項,更何況他本來就推崇蘋果佔據專用性資源,因此他很快就說服那家微晶片製造廠商和蘋果簽訂保密協議,並從廠商那兒購買了數百臺設備,用於為綠燈打孔,讓這種綠光得以在蘋果的 MacBook Air、Trackpad 和無線鍵盤中閃耀。

蘋果購買的這些設備是免費提供給供應商使用的,對此供應商當然很歡迎。但漸漸地,供應商會發現自己似乎變成了蘋果的獨家供應商,並且在蘋果大筆預付款、設備和技術投資的誘惑下不斷開發蘋果需要的技術和製造工藝,而這些通常都不是自己獨享的。結果就是,不想為單獨客戶投資於專用性資產的供應商,卻不自覺地把自己變成了蘋果的專用性資產。

提姆‧庫克堅信,只有「壟斷現有零部件的市場,比如快閃

記憶體，並為新部件成本提供昂貴的獨家生產資金」，讓蘋果領先競爭對手很早獲得這些部件，才能保證蘋果在競爭中立於不敗之地。

提姆・庫克深知，在市場容量有限並瞬息萬變的情況下，供應鏈的爭奪將決定終端出貨量的數字，隨之影響後續的供應鏈地位，形成循環。而 IT 製造業新生產線投資巨大，必須達到很大的產量才能收回投資。因此，蘋果可以對一家供應商砸下數十億美元的預付款，目的就是為了讓該供應商承諾將多數生產能力提供給蘋果。蘋果甚至會為供應商支付工廠建設費用，以獲得新零部件的獨家採購權。因為在提姆・庫克看來，如果業界最優秀的供應商的精力都用於滿足蘋果不斷提高的要求，就沒有太多機會去擴張產能以服務於其他企業。因此，從這一個角度來說，蘋果實際上壟斷了 IT 製造業的創新，這也是為什麼其他企業的產品不僅在品質和性能上趕不上蘋果的產品，而且往往因為缺乏關鍵零部件而產量缺乏，跟不上市場需求的變化。

而且，因為蘋果的訂單量很大且穩定，蘋果在供應商那裡還有較高的議價權，往往能以相對較低的價格獲得大量的產品採購及生產。比如，蘋果在推出 iPod Shuffle 之前，就和三星簽訂了長期協議，以極低的價格預訂了三星的大部分快閃記憶體。要知道，在 iPod Shuffle 總成本中，快閃記憶體的成本就佔了三分之二，因此這個舉措極大降低了 iPod Shuffle 的成本。更重要的是，這個舉措使得蘋果推出低價的 iPod Shuffle 同時，快閃記憶體價格卻因缺貨而走高，使得其他 MP3 廠商倍感壓力。

在研發 iPhone 4 的時候，蘋果也採取了同樣的策略。iPhone 4

的螢幕採用的是 IPS 技術的 960×640 超高解析度螢幕，蘋果選定的供應商主要有兩家：擁有 IPS 技術最大產能的韓國 LG Display 以及日本老牌螢幕製造商夏普。由於 iPhone 4 的大量訂單，這兩家供應商幾乎將其所有產能都供給 iPhone 4 了，致使摩托羅拉、HTC 等手機製造商無法獲得此型號的螢幕訂單，只能向其他螢幕供應商採購技術相對落後的普通 TFT 螢幕，導致螢幕顯示效果遠遠落後於 iPhone 4，市場反應自然不如 iPhone 4 好。而當其他廠商的產能逐步改善時，通常已經過去半年到一年時間了，這時蘋果的新 iPhone 又已經上市了。蘋果僅靠螢幕這一方面的優勢就贏得了大量市場，加上 CPU 記憶體等其他供應商部件的優勢，大大拉開了與其競爭對手的差距。

作為蘋果重要代工廠的富士康，它能為蘋果生產出大批量高品質的 iPhone 手機，但卻在代工錘子手機 (Smartisan Ti) 時狀況百出。這其中，錘子訂單少應該是最主要的問題。代工廠的生產能力與企業訂單數有直接的關係，先為大單服務是行業的常態。

據 US Trust 資料統計，截至 2014 年 4 月，蘋果坐擁 950 億英鎊現金儲備，是英國國庫 2 倍，德國政府 4 倍。可見，財大氣粗的蘋果公司完全可以大手筆地買斷關鍵供應環節。而提姆·庫克確實一直在為蘋果的供應鏈投資不斷加碼，他相信蘋果的這些投資最終都能從競爭對手丟掉的市場上掙回來。

在全球經濟一體化的今天，所有企業都面臨著高新技術、資訊化和全球化的挑戰。市場競爭的頻率越來越快，企業在發展到一定程度之後，應該善於著眼未來進行戰略調整。這是一個趨勢。競爭日益激烈的市場要求企業要善於為未來佈局，企業只有著眼

於未來利潤進行資源配置，才能贏得未來。在提姆．庫克看來，佔據專用性資源，就是著眼於未來利潤進行資源配置的最重要手段，也是蘋果繼續保持行業領先位置的最大倚仗。

供應鏈最大的風險不是價格，而是供應鏈中斷

2014 年 4 月 14 日，《聖約瑟水星報》發佈了一份題為 SV150 的報告，報告根據採納彭博資料和美國證券交易委員會報告的資料，針對來自矽谷的 75 家頂級公司收入進行了排名分析：蘋果公司以 1740 億美元的收入位居第一，超過了位居第二的惠普、第三谷歌收入之和，惠普和谷歌分別為 1120 億美元和 598 億美元。而且，蘋果的利潤高達 370.3 億美元，高居 IT 企業榜首，其利潤更是超越了排名 2 ～ 5 位的四家廠商惠普、谷歌、英特爾、思科利潤之和，其中惠普 53 億美元、谷歌 129.2 億美元、英特爾 96.2 億美元、思科為 81.7 億美元。

在當前 IT 產業普遍微利的環境中，蘋果卻能贏得巨大的利潤，所倚仗的除了創新的產品設計之外，還有隱藏在幕後而未被人們廣泛認知的優秀的供應鏈管理，來實現優秀的軟硬體集成，為消費者提供超乎想像的體驗。

眾所周知，蘋果產品中採用的技術並非是概念性的技術變成現實，而是現實中已經存在的技術的集合。也就是說，蘋果的創新並非從無到有的絕對的創新，而是從有到有的相對的創新。蘋果能夠將全世界的一些優秀的單一技術集成起來，滲透到蘋果產品上游所有元組件的開發、生產和製造的過程中，始終領先競爭對手 1 ～ 2 年，它的終極武器就是供應鏈管理。

當人們拿到一支 iPhone 手機時，往往沒想到這支 iPhone 已經遊歷了大半個地球：它的產品設計在美國，關鍵零部件的生產在日本，核心晶片和顯示幕的生產在韓國，另外一些零部件的生產在臺灣，組裝工作則在中國內地的富士康工廠完成，最後根據蘋果公司的訂單再飛到全球各地，來到形形色色的蘋果用戶手中。這就是蘋果供應鏈的作用。

作為一家硬體製造商，如果只是做到了產品設計工藝上精湛，卻不能在生產、供應鏈管理等流程上做到高效、經濟和可持續，是很難立足於競爭激烈的移動市場的。而提姆‧庫克認為，要打造一條強大的供應鏈，必須要保證供應鏈上的每一個節點都是強強聯合，即供應鏈上的每個企業都應當集中精力致力於各自核心的業務過程，成為各自組織的獨立製造島，根據需求資訊的傳導，高效整合資金流和物流，以滿足消費者需求。

在接手蘋果公司的供應鏈管理後，提姆‧庫克很快透過將製造等非核心業務外包，初步建立起了一個全球化的供應鏈。但提姆‧庫克認為強大的供應鏈，應當是一個競爭對手難以模仿的「生態系統」。

在提姆‧庫克的規劃中，蘋果強大的供應鏈生態系統應該是這樣的：

第一，蘋果實行單一製造策略，蘋果絕大部分的硬體產品都在亞洲製造。而提姆‧庫克又將蘋果產品目前的市場重心定位在中國這樣的新興市場。要知道，在接近銷售市場的地點，利用當地的廉價勞動力、土地等資源進行製造，輔以少數零部件的空運和海運，完全能夠滿足蘋果的市場需求。這使得蘋果可以大幅降

低成本,而且只需在少數地點協調物流和出貨業務。

　　第二,蘋果公司的供應商遍佈全球,分佈在臺灣地區和美國、韓國、德國等地,在中國大陸主要是臺資企業的生產基地,最後主要由富士康組裝成機。目前,在蘋果的 590 家供應商中,中國大陸居首,共有 349 家廠商,其後則是日本的 139 家、美國 60 家,及臺灣的 42 家。然而,這些供應商的背後還有代表蘋果公司向這些供應商供貨的數百家二級和三級供應商。即使在單一地區因缺乏某種關鍵元件而在全球造成整個系統中斷的情況下,蘋果這種分散式電子製造也能使其免受衝擊。而且,蘋果透過這樣有層次的供應鏈結構,減少了管控幅度和難度,提高了供應鏈的運行效率。

　　第三,蘋果並沒有完全放棄本地製造。蘋果的高端訂製產品,會由蘋果在愛爾蘭的組裝廠自己組裝。提姆・庫克認為,在滿足非常個性化的高端需求方面,完全由自己掌控的製造單元能夠保證產品品質的完美。

　　總之,在提姆・庫克對供應鏈的不斷加碼下,蘋果如今的供應鏈已經演化成一個由晶片、作業系統、軟體商店、零部件供應廠商、組裝廠、零售體系、APP 開發者組成的高度成熟和精密的強大生態系統。而且,這個生態系統一如既往的相對封閉,蘋果幾乎可以透過控制供應鏈來控制產品從設計到零售的各方面。

　　同時,提姆・庫克很清楚地認識到:供應鏈實際運行的效率取決於供應鏈合作夥伴關係是否和諧,因此建立戰略夥伴關係的合作企業關係模型是實現最佳供應鏈管理的保證。只有充分發揮系統中成員企業和子系統的能動性和創造性,實現系統與環境的

總體協調，供應鏈生態系統才能發揮最佳的效能。那麼，提姆·庫克是如何發揮系統成員企業的積極性和創造性，建立協調的夥伴關係的呢？答案就是「共贏」。

對於蘋果供應鏈上的企業來說，它們能從與蘋果的合作中獲得四大好處：

第一，足夠的資金保障。眾所周知，在每次向供應商下訂單時，蘋果都會慷慨地預付一大筆資金給供應商，為供應商提供足夠的資金保障。這對於接下一筆訂單就要提前付出一大筆採購成本和人工成本的供應商來說簡直是福音。有時蘋果還會提出「所有設備我來買，但只能幹我的活」的要求，供應商更是求之不得，因為這樣供應商就免除了設備和折舊的投資風險，消除了業務的不確定性。當然，對於富士康這樣的大型供應商，蘋果只會幫其購買 20%～30%的設備，70%～80%的設備是富士康自費購買，而對於規模較小的代工廠商，蘋果就會購買其中 50%的設備，免費提供給這些代工廠使用。

第二，很強的穩定性。這對於製造商來說十分重要。對於供應商來說，客戶的穩定訂單流至關重要。如果供應商剛剛為一個客戶擴充了產能，而客戶產品銷售出現大的波動，那麼供應商的投資就是打了水漂，利潤率就會隨之下降。而蘋果的銷量很大，訂單流比較穩定。儘管為蘋果代工的利潤較低，但是蘋果的每一款產品的銷售週期較長，因此一旦生產線開動，利潤就源源不斷，管理上也更容易、更清晰。如果在產能上遇到瓶頸，蘋果情願等待也不願意為了搶時間把訂單交給臨時找的工廠，因為這樣就違背了蘋果公司一貫追求完美的原則。

　　第三，較高的利潤。儘管和蘋果獲得的巨大利潤相比，蘋果代工廠商分得的利潤份額相對渺小，但金額也絕對不菲。以 iPhone 4 為例，作為供應商的中國企業在產業鏈條上所佔的份額都非常小，而且多是在晶片（臺積電）和組裝（鴻海精密、富士康）等環節，僅佔 iPhone 4 總成本 187.51 美元中的 6.54 美元，不到零售價的 1%，為此許多人批評蘋果是在壓榨供應鏈利潤以自肥。但其實蘋果給供應商的價格都是允許他們有合理利潤的價格，對於享有下層供應商談判權的供應商，比如富士康，蘋果所給的利潤空間還要更大一些。

　　第四，自身技術水準的大幅提高。對於供應商，蘋果是有一套很嚴格的控制標準的，因此代工廠在和蘋果合作的過程中能快速提高自身的生產水準和技術開發水準，生產出高品質的產品。即便是後來不再與蘋果合作，也能因為發展出了頂尖的設備和流程控制，變得比較容易接到其他品牌的訂單。

　　在給予供應商好處的同時，蘋果自身也大大獲益：透過建構供應鏈生態系統，實現最靠近生產線的研發，極大地降低了研發成本，快速將創新設計轉化為產品，獲得了強強聯合的產業鏈創新優勢，這一切讓對手更加望塵莫及。

　　股神巴菲特曾說：「研究我們過去對子公司和普通股的投資時，你會看到我們偏愛那些不太可能發生重大變化的公司和產業。我們這樣選擇的原因很簡單，在進行子公司和普通股兩者中的任何一種投資時，我們尋找那些我們相信從現在開始的 10 年或者 20 年的時間裡實際上肯定擁有巨大競爭力的企業。至於那些環境迅速轉變的產業，儘管可能會提供巨大的成功機會，但是它排除

了我們尋找的確定性。」

在提姆・庫克看來，在如今風雲變化的 IT 行業，企業要想穩定發展，獲得投資人的青睞，必須要擁有一個完善的生態鏈。針對美國矽谷企業的發展模式，史丹佛大學管理科學與工程系教授謝德蓀 (Edison Tse) 提出了「動態生態系統理論」，即「源創新」。他認為動態戰略理論的核心在於：在資訊時代，重點不是在原有市場中競爭，而是隨著資訊的增加，如何有效地組合各方成員的資源，來為各方成員創造新價值。以此吸引更多成員加入，從而形成一個有生命的生態系統。蘋果的成功，在很大程度上就是因為蘋果打造了一個又一個穩定的生態鏈，才能聯合眾多合作企業的力量一起邁向一次又一次的成功。

在供應環節，必須要做到細節上的無縫掌控

2013 年 1 月，提姆·庫克在第二次訪華時，曾公開表示：「對於我們的供應商，包括富士康在內，我們都有非常嚴格的規定和守則，如果說他們不遵循我們的原則和守則，我們就不和他們合作，終止與他們的夥伴關係。」

提姆·庫克認為，要創造一個偉大的產品，不僅要求蘋果擁有強大的創新能力，更要求蘋果的供應商企業具有穩定的生產能力。為了防範供應鏈風險，蘋果作為主導著整個供應鏈的價值分配和運行協調的「鏈主」，必須要在供應環節做到細節上的無縫掌控。因此，蘋果擁有對供應鏈企業的一整套管理和控制措施，以對整個供應鏈的運行品質和標準進行管理，幫助各個環節優化、創造價值。

首先，在挑選供應商上，蘋果秉持極其審慎的態度和超高的標準。在初步選定一家供應商後，蘋果美國總部會派出專門團隊到工廠考察，考核項目眾多，且要求更是十分嚴格。因為蘋果產品的零部件的生產工藝要求都非常高，蘋果希望供應商要具備一定的生產實力，產量要穩定、充足，因此蘋果往往只對佔據所屬加工業前五名地位的製造商感興趣。同時，蘋果也很看重供應商在資訊系統建設方面的成績，因為如果一個製造企業有資訊系統，那麼就證明這個企業對流程管控也比較重視，生產實力就比較強。

最主要的是，透過供應商的資訊系統，蘋果公司的美國總部就能透過遠端控制獲得工廠的產品資訊。

當蘋果選擇一家企業成為蘋果供應商後，就會將其納入自己的控制範圍：蘋果會從廠房的規劃建設到如何培訓員工，再到生產監控所需的電腦系統和軟體、原材料各方面提出建議，而且這種建議多是強制性的。有時，蘋果甚至會指定原材料的供應商和尾端外包的代工廠。而被蘋果選中的代工廠商，則必須使用蘋果指定的生產設備，以保證每一個產品模具的品質。蘋果選定代工廠商以後會進行試量產，每次試量產的時間持續長達兩三個月，根據產品結果重複進行 4～5 次，以給代工廠商充裕的時間提升產品品質。

提姆‧庫克深知，蘋果產品的生產過程繁複而精密，牽涉數萬零件和設備，其中只要一個環節出問題，就會導致最後產品的不合格。只有瞭解一線的情況，才能保證產品品質，並防患於未然，及時應對。因此，提姆‧庫克為蘋果組建了一支龐大的駐廠工程師隊伍，將他們派到分佈於全球各地的蘋果供應商企業裡，深入瞭解生產過程中的每一個環節。蘋果安排給供應商的駐廠工程師的人數，是按照工藝的複雜程度配備的，工藝較為複雜的生產環節，會配備 2～3 個工程師，工藝簡單的生產環節，則只會配備 1～2 個工程師。在為蘋果產品提供組裝服務的富士康工廠裡，蘋果安排了幾千名駐廠工程師來保障蘋果產品擁有一流的產品品質和生產效率。

提姆‧庫克認為，駐廠工程師能很好地促進蘋果與供應商建立起親密的合作關係，正如他在接受一次採訪時說的那樣：「我

們有些高管住在富士康工廠的宿舍裡，那並非不同尋常的事情。坦白地說，這不是為了想要看看宿舍裡的生活是怎樣的，而是我們與這些製造合作夥伴之間擁有非常密切的合作關係，而身處製造廠中有利於我們開展這種這種合作。此外，我們還有數百名員工住在中國的工廠裡，專門負責協助製造和致力於改進製造流程，諸如此類。事實上，如果我們把製造看成是一件與我們沒有關係的事情，那麼就不能以現在的速度實現創新。這是件一體化的事情，因此是我們業務流程的一部分內容。」

蘋果駐廠工程師的任務就是每天負責代工廠的指標考核，為流水線上的產品品質打分，並嚴格控制交貨期限。如果一個零件有不合格的嫌疑，就要叫停這條生產線。然後，駐廠工程師要與廠方和總部溝通，在短時間內對問題的性質和嚴重程度做出定義，在不影響生產進度的情況下改善品質。

如果供應商在生產過程中出現問題，蘋果會要求供應商在 12 小時內做出根本原因分析和解釋，這就意味著供應商必須加班加點地解決問題。有媒體報導，2007 年，在新 iPhone 正式推出前一個月，賈伯斯對 iPhone 原型機器上的劃痕不滿，要換成玻璃螢幕，因此當替換材料到達富士康工廠時，工廠負責人不得不在夜裡叫醒 8000 名員工，開始趕工組裝。

每個季度，蘋果公司都會對所有供應商進行評分、排名。排名靠後的，未來獲得的訂單配額將會越來越少。

眾所周知，蘋果是一家十分看重產品保密性的公司，因此蘋果供應商企業的所有人員都會被要求簽署保密協定，保證從產品設計圖到人員管控流程，尤其是產品外觀這個蘋果的最大秘密，

都不能有絲毫洩露。對於人員流動頻繁的代工廠來說，蘋果要求的保密控制讓他們倍感壓力。比如蘋果最大的組裝工廠富士康為了履行保密協議，就在企業內部實施了嚴格的等級制度和安檢制度。此外，為了追蹤生產效率，並確保產品在發佈前夕對外保密，蘋果還會在部分包裝箱內安裝電子監視器，使得該公司的總部員工可以追蹤代工廠的狀況，防止洩密。

在成品出廠運輸時，蘋果公司的員工還會親自監視員工將所有成品都放在包裝箱內，並監視每一個傳送點（碼頭、機場、卡車倉庫以及分銷中心），以確保每臺設備不出問題。為了逃避檢查，蘋果甚至曾經將產品裝在馬鈴薯包裝箱內運輸，以做好產品的保密工作。

一般來說，手機、平板電腦等電子產品在出廠前都會進行黑盒測試。黑盒測試也稱功能測試，它是透過測試來檢測每個功能是否都能正常使用。在測試中，把程式看作一個不能打開的黑盒子，在完全不考慮程式內部結構和內部特性的情況下，在程式介面進行測試，它只檢查程式功能是否按照需求規格說明書的規定正常使用，程式是否能適當地接收輸入資料而產生正確的輸出資訊。黑盒測試著眼於程式外部結構，不考慮內部邏輯結構，主要針對軟體介面和軟體功能進行測試。

而蘋果公司卻不同，蘋果在管理供應商的過程中遵循一個原則，不允許供應商對其產生任何「黑盒」，蘋果必須完全控制手機生產的每道環節。在蘋果看來，所有元組件對它而言，必須是「白盒」，蘋果要瞭解每一個元組件的來源、研發、生產、測試等過程。

此外，當蘋果在索取蘋果產品所需的零部件的報價時，會要求廠商提供報價的所有細節資訊，包括材料和人工成本估算，以及廠商自身的預估利潤。眾所周知，隨著技術的成熟和市場的變化，電子產品以及元組件的價格也日趨下降。蘋果公司每個季度都會根據市場變化，與元組件供應商總結上一季度的合作，並談判新的價格。所以，蘋果產品的成本每個季度都會下降，從而保證蘋果手機的利潤率。

為了減少蘋果和供應商之間的溝通成本，但又保證蘋果和供應商能獲得準確的資訊流，提姆·庫克還建立了蘋果與富士康等零部件供應商共用的關於生產計畫和進程的資料庫。有了這個資料庫，供應商的交貨管理人員就不必再等待蘋果的通知，而是直接在網上獲取蘋果的最新需求，直接投入生產；同時，生產管理人員也要不斷將交貨日程和數量等關鍵資訊傳到資料庫中，蘋果總部的管理人員只要根據關鍵指標，就能利用資料庫的資訊對供應商進行管理和評估。這種資訊的集成化打破了傳統供應鏈的線性和多層結構，形成了一種端對端的、共用、動態的夥伴關係網絡，極大地加速了蘋果和供應商之間的溝通，使得蘋果的供應鏈具備更大的伸縮性和敏捷性。

正是由於提姆·庫克採用無縫供應鏈，讓蘋果公司滲透到產品上游所有元組件的開發、生產和製造的過程中，才讓蘋果實現了產品技術始終領先市場兩年的奇蹟。

可見，不管在何時何地，從事什麼工作，我們都要認真做好每一個細節，慎防百密一疏。要知道，一個小病毒的入侵就可能使整個企業的資訊系統陷於癱瘓，任何對蛛絲馬跡的不察、對細

枝末節的大意，都可能給我們帶來無法彌補的損失。相反，如果對細節足夠關注，那麼，我們不僅不會遭受損失，還能獲得意外收穫，從而讓自己的付出更有意義。

蘋果新世代 庫克王朝

第六章
我不在乎市場只在乎最佳的產品體驗

我們的目標是銷售最好的產品，提供最佳的體驗，擁有最滿意的用戶，滿意度通常會帶來更多的使用量。你知道，當你找到自己喜歡的東西時，就會更頻繁地使用它。

——提姆・庫克

必須避開零售商和經銷商，直接瞭解消費者需求

2001 年，蘋果第一家零售店在維吉尼亞州麥克萊恩的泰森購物中心開張。不到 5 年，蘋果的年營業額達到了 10 億美元。這個數字上升的神奇速度讓其他零售商望塵莫及。但也有零售諮詢師不屑一顧，甚至預言蘋果零售店「不出兩年，就會付出慘痛代價」。然而，蘋果依然堅挺地屹立著，它並不因這些人的中傷而停止前進的腳步。如今，蘋果在全世界已經開了 400 多家零售店，蘋果零售店成了世界上最賺錢的零售店之一。根據蘋果 2014 年第三季度的財報顯示，蘋果零售店的收入為 51 億美元，比 2013 年增長了 15%，每家蘋果零售店的平均收入為 1190 萬，每家零售店每週迎客超過 18000 人。

因為造型獨特，遍佈於世界各地的蘋果零售店甚至成了不少地方的地標性建築，每次新的蘋果零售店開張都會成為大家熱議的話題。蘋果當前最大的實體零售店是紐約中央車站零售店，佔地面積達 23000 平方英尺（約 657 坪）。而員工人數最多的是紐約第五大道零售店，店中的員工超過 300 人，大大超出了每家蘋果零售店 100 人的平均標準。

許多客戶第一次走進蘋果的店面時，最大的感受就是蘋果店面完全不同於其他 IT 電子產品的店面環境設計。看上去樸實無華的桌架上，各種產品的展示、使用恰到好處；客戶購買完畢走出

店面時提的購物袋，也製造出一種獨一無二的購物體驗。

在蘋果零售店中，購物是一件讓人感到輕鬆愉快的事。在蘋果零售店，你不會看到長龍似的付款隊伍，不會看到喋喋不休的推銷人員，因為這裡沒有收銀員也沒有銷售員。這裡讓顧客處處感受主人般的體驗，而不是處處擺滿產品；這裡所有的產品都能上網，顧客可以隨心所欲地進行飆網，用 iPad 看電子書，在 iPod touch 上玩遊戲，或在 iPod nano 上聽歌；這裡有人教使用者學習任何軟體，顧客可以在 Pages（文字處理和頁面排版軟體）上寫文檔，在 Keynote（幻燈片演示軟體）上做演示文稿，在 iPhoto（數位照片管理軟體）中整理照片，或在 GarageBand（數位音樂創作軟體）上學習使用樂器。

然而，每當蘋果發售新產品的時候，每家蘋果零售店前都會提前排起長長的隊伍，無論當時的天氣是寒冷還是酷熱，人們都甘願在店門前苦苦守候，就是為了能夠成為最早用上蘋果新產品的人，這樣熱烈的搶購場面自然也引得各大媒體紛紛報導。

許多人都知道蘋果零售店是賈伯斯的傑作，卻很少有人知道促使賈伯斯將這個計畫付諸實施的人其實是提姆‧庫克。

提姆‧庫克加入蘋果以前，蘋果的銷售狀況真是一團糟。當時蘋果透過「授權零售商」向客戶銷售電腦，這些零售商雖然為數眾多，但各自為戰，對蘋果產品的推銷方式大相逕庭，銷售人員技能也良莠不齊，無法吸引顧客掏出錢來購買比較貴但有特色的蘋果產品。更重要的是，在 IBM 和康柏等競爭對手的擠壓下，蘋果的人氣迅速下滑，零售商們自然開始減少蘋果電腦的存貨量，縮小蘋果電腦的陳列空間。當時的兩大零售連鎖店西爾斯百

貨（Sears）和電腦美國（CompUSA）也把蘋果電腦看作小眾產品，把它們擱置在不顯眼的角落裡，任蘋果電腦上面積滿灰塵。

賈伯斯看到商場裡大部分店員既不具備蘋果產品的基本知識，也沒有意願去為顧客解釋蘋果產品的獨特性能，而只是關心那 50 美元的銷售提成，深切地感受到：「除非有辦法在商店裡就把我們的理念傳達給顧客，否則我們就完蛋了。」於是，在 1997 年 11 月，蘋果公司開始在網上銷售蘋果電腦，這是新興企業戴爾電腦公司在 1996 年推出的新型銷售模式。可惜，蘋果的這次「跟風」並沒有取得很好的效果，蘋果電腦的市場佔有率還是在繼續下滑。為此，電子產品代理商百思買集團（Best Buy）以銷售業績不佳為由中斷了與蘋果公司的合作，將蘋果電腦下架，這對當時風雨飄搖的蘋果公司真是一個巨大的打擊。

儘管蘋果公司隨後與 CompUSA 合作開啟了一種「店中店」的模式，就是賣場將一部分空間分割給蘋果公司來陳列銷售蘋果電腦，這種模式在短期內確實為蘋果帶來了不錯的收益，將蘋果電腦在美國市場的佔有率由 3% 提升到了 14%，但銷售人員更關注IBM 等熱門產品、忽視蘋果產品的現狀仍舊沒有改變。

提姆・庫克在 IBM 的時候就負責 IBM 的 PC 部門在北美和拉美的製造和分銷運作，在電子經銷商智慧電子公司時也任電腦分銷部門的首席營運長，因此，擁有十多年銷售經驗的提姆・庫克一加入蘋果公司，就立刻明白了蘋果公司面臨的嚴峻銷售形勢，並迅速提出了一個解決方案——堅持由蘋果公司自己訓練銷售人員，並讓這些訓練有素的銷售人員替換經銷商門店雇員。其實，提姆・庫克最希望的是蘋果公司建立自己的零售店，但他也明白

當時蘋果更嚴峻的危機是供應鏈過於龐大，調度不靈，於是建立蘋果零售店的計畫只得暫時擱淺。

然而，到了 2001 年 4 月，Computerware 突然中斷與蘋果的代理合作，造成這一惡果的罪魁禍首還是蘋果自己的品牌形象危機，當時有一份關於電腦的調查結果顯示，在 100 名電腦消費者中，95％的人表示根本不會考慮蘋果電腦。被逼得走投無路的蘋果不得不進行背水一戰——在 2001 年 5 月下定決心要「自己親自來賣」，於是第一家蘋果零售店在維吉尼亞州麥克萊恩的泰森購物中心開張了：亮白色的櫃檯、淺色的木地板，店內懸掛一張巨大的印有「非同凡想」的海報，海報上是約翰·藍儂和小野洋子坐在床上。結果是出乎那些業內人士預料的成功，當初捷威電腦商店每週的平均客流量只有 250 人左右，而蘋果零售店在 2001 年的平均客流量達到了 5 萬人。蘋果零售店在當年的收入更是達到 12 億美元，並因為突破 10 億美元量級而創下了零售業的新紀錄。

儘管外界都認為蘋果零售店的成功要歸功於賈伯斯和蘋果零售店的設計師羅恩·詹森，但賈伯斯心裡清楚這份榮耀更應該屬於提姆·庫克，因此蘋果公司在 2001 財年給了提姆·庫克 100 萬美元的特別獎金作為回報，獎金的名義是「特別主管獎金」（A special executive bonus）。然而，提姆·庫克更大的收穫是賈伯斯及蘋果公司高層們的信任，職位得以進一步提升，開始負責蘋果公司在全世界的銷售與銷售支援業務。

在提姆·庫克看來，沒有比蘋果零售店更好的瞭解蘋果產品的地方了，也沒有比蘋果零售店更好的直接瞭解消費者需求的地方了。提姆·庫克坦言：「在店裡能瞭解到很多東西。我是看很多

郵件（來瞭解營運情況），不過這跟在店裡走一圈，再和顧客聊聊天的感受完全不同。在店裡，我能對整個店和蘋果的形象產生感性的體會，作為管理者，別把自己關起來，這非常重要。」提姆・庫克在心情不好的時候，也會去蘋果店逛一逛，因為在他看來，「它會像百憂解（一種治療憂鬱症的藥物）一樣讓我的心情好起來。」

　　巨人集團董事長史玉柱曾經說過：「最好的行銷老師就是消費者，如果有好的產品、好的行銷方式，且行銷隊伍堅強，就能打開市場。」確實，消費者是天底下最好的老師，並且很慷慨。摸清「老師」秉性的企業，總是被老師厚待，並回報以豐厚的利潤；反之，只能被老師拒之門外。提姆・庫克深知消費者的重要性，所以才能讓蘋果公司一直深受消費者這個「老師「的厚待。

它們各有不同，卻都很卓越

在 2013 年 9 月 11 日的蘋果秋季新品發佈會上，提姆・庫克宣佈蘋果將首次用兩款新設計——iPhone 5S 和 iPhone 5C 來替代 iPhone 5。

對於蘋果之所以做出這樣的改變，提姆・庫克的解釋是：「過去我們發佈一款新的 iPhone 產品時，就會降低上一代 iPhone 產品的售價，使得更多的人能夠負擔得起 iPhone，但是今年我們不會這樣做，產品銷量越來越大，所以今年我們將用其他產品替代 iPhone 5，我們會用不止一款新產品而是兩款新設計來替代 iPhone 5，這種安排使得我們能夠為更多消費者服務。」

和 iPhone 5 相比，新的 iPhone 5S 和 iPhone 5C 在多方面都有很大的提升：在外觀上，不再是 iPhone 5 時的黑白兩色，iPhone 5S 有灰、白、金三種配色，iPhone 5C 則有綠、白、藍、粉和黃共 5 種顏色的一體成型的塑膠外殼，還有與之相配的 6 種顏色矽膠保護套；作業系統由 iOS 6 升級為 iOS 7；iPhone 5S 的處理器由 A6 雙核處理器升級為 64 位元 A7 雙核處理器和 M7 輔助處理器；iPhone 5S 新增了每秒 10 張連拍和 120fps 720P 視頻慢鏡頭拍攝。

然而，儘管和 iPhone 5 相比，iPhone 5C 在性能方面有所提升，但業內人士普遍認為它是 iPhone 5 的塑膠換殼版，因為它的改變只有手機的系統和外觀，手機硬體設定還是與 iPhone 5 一樣，例

如螢幕仍是 4 英寸 Retina 視網膜螢幕，解析度保持在 1136x640 像素（像素密度 326ppi）；搭載 A6 處理器；配置 800 萬像素主攝像頭，190 萬像素前置攝像頭。

面對外界流傳的關於「iPhone 5C 是 iPhone 5S 的廉價版」的質疑，提姆·庫克一再對公眾強調：

「我們從來都沒有將開發和銷售一款廉價手機當作自己的目標。我們的首要目標是開發和銷售一款偉大的手機，並且透過它提供偉大的體驗。」

在蘋果發佈會兩天後的《商業週刊》的專訪時，記者也對提姆·庫克表達了同樣的疑問：「為什麼不像以前那樣，繼續銷售舊款的 iPhone 5 呢？為什麼要設計一款像 5C 這樣的新產品呢？」

提姆·庫克的回答是：

「iPhone 業務規模變得越來越大，市場變得越來越大，客戶的需求也在不斷增長。你知道，人是喜新厭舊的動物，人們總是希望看到不同的東西。我們想讓手機變得更普及，對我們來說，它們都是產品，因此我們絕對不會說『我永遠也不會銷售一款低於那個檔次的手機』這樣的話。我們不像那樣看問題。我們會說：『讓我們來想想我們怎樣才能開發出一款偉大的產品。』如果那款偉大的產品能夠以更低的價格銷售，那我們就以更低的價格去銷售它。」

提姆·庫克舉了 iPod 的例子來說明這一點，「你可以回想一下 iPod 的發展歷程，一開始它只是一款被我們稱為 iPod 的產品，隨後我們將它稱作 iPod Classic，但是我們因此擴大了 iPod 業務的規模。這不是因為價格推動的，『我們需要推出一款售價為 99 美

元的新產品，剩下的工作就是我們怎樣來實現它。』它是一款偉大的產品，為消費者帶來了絕佳的體驗。每一款機型都獨具特色，與眾不同，因為它們是為不同的客戶群服務的，滿足的是客戶不同的需求。它也許會提供一種不同的體驗，但是從內心來說，它仍然是一款偉大的產品。我們一直在這樣做，結果是我們的產品價位覆蓋了從 49 美元到 400 美元這個區間。注意這是結果而不是我們的目的。」

在提姆·庫克看來，iPhone 4 也是蘋果創造的一款偉大的產品，而且蘋果已經利用 iPhone 4 取得了無與倫比的成功，因此他覺得 iPhone 也可以像 iPod 一樣，推出一款偉大的、能夠滿足不同消費者並且售價相對更低的新產品，這樣蘋果就能讓智慧手機更加普及，增加蘋果用戶的數量。

儘管在提姆·庫克宣佈推出 iPhone 5S 和 iPhone 5C 時，同時宣佈了停止銷售 iPhone 4 和 iPhone 5，但 iPhone 4S 還在銷售，而且 iPhone 4S 在很多國家都是免費提供的。在營運商提供補貼的國家，iPhone 4S 的價格甚至比 5c 更有吸引力。這樣，蘋果同時銷售的智慧手機就有 3 款了，分別是：iPhone 4S、iPhone 5C 和 iPhone 5S，這就實現了提姆·庫克所說的：「我們可以為很多消費者服務，讓更多的消費者獲得 iPhone 體驗。」

然而，儘管提姆·庫克一再表示，「我們不會在這個垃圾領域中開展業務」，相比去搶佔低端市場，蘋果更願意繼續將注意力集中在「能真正用產品幫助人們實現很多功能的細分市場上」。但人們還是傾向將 iPhone 5C 看作 iPhone 5S 的廉價版，iPhone 5C 的銷量也遠遠比不上 iPhone 5S 的銷量。

　　2014 年 1 月，廉價市研機構 CIRP 公佈了他們對美國市場 iPhone 銷量的調查報告，報告顯示，在 2013 年第四季度，iPhone 5S 的銷量佔 iPhone 總銷售的 59％，iPhone 5C 和 iPhone 4S 的銷量佔比分別為 27％和 14％。iPhone 5S 的銷售表現可謂相當出色，因為和 2012 年第四季度的銷量相比，iPhone 5 的銷量佔美國市場 iPhone 總銷售的 50％，iPhone 4S 和 iPhone 4 的銷量佔比分別為 32％和 18％。iPhone 5C 的銷售表現就顯得不盡如人意了，因為處於相同位置的 iPhone 4S 在一年前的銷售佔比為 32％，而 iPhone 5C 的銷售佔比只有 27％，很明顯，iPhone 5C 的性價比並沒有滿足用戶預期。

　　在蘋果 2014 財年第一季度財報會議上，提姆・庫克也不得不承認：iPhone 5C 的銷量沒有達到他們的預期。但提姆・庫克並不認為同時推出不同款的 iPhone 是個錯誤的決定，因此他在 2014 年 9 月 10 日的蘋果新品發佈會上，又宣佈蘋果推出兩款新的 iPhone——iPhone 6 和 iPhone 6 Plus。這一次提姆・庫克記取了 iPhone 5C 的教訓，不再計畫以更低的價格來實現「為更多的人服務」的理想，而是讓兩款新 iPhone 在性能方面保持一致的高水準，僅僅是在螢幕尺寸大小上有所區分。

　　新 iPhone 推出後，僅用 3 天時間就賣出了 1000 萬支，這個數字打破了蘋果去年以 iPhone 5S、iPhone 5C 創下的 900 萬支紀錄。由於 iPhone 6 和 iPhone 6 Plus 的熱銷，這兩款設備在全球各地的供貨都非常吃緊，尤其是 iPhone 6 Plus。

　　據移動廣告公司 APP Lovin 發佈的 2014 年 11 月資料報告顯示，發售 45 天後，Phone 6 與 iPhone 6 Plus 的銷量對比在 80：20 左右，

歐洲、北美和澳大利亞等地區的使用者更傾向選擇 iPhone 6，不過亞洲地區的使用者卻更青睞 iPhone 6 Plus 大螢幕手機。這一切其實都是提姆·庫克的戰略安排，結果也正如他所料。

在提姆·庫克看來，蘋果以前只有一款偉大的產品，現在卻能夠同時開發出兩款偉大的產品了，這是一種巨大的變化，這種變化也將引領蘋果走向更大的成功。

產品品質與其美譽度成正比例發展關係，品質每提高 1%，美譽度就提升 0.5%。而產品美譽度又和品牌形象有著密切聯繫，美譽度每提高 0.5%，品牌形象就提升 1%。品牌形象與銷售量又有著直接關係，品牌形象每提高 1%，銷售量就提升 0.5%。依次推演，當品質提高 1% 時，美譽度提高了 0.5%，品牌形象提高了 1%，銷售量提高了 0.5%。

美國一家諮詢機構的研究表明，消費者對行業內的產品品質排序，關係到了企業的投資回報率。當一個企業的產品品質排在 15 位以上，其稅前投資回報率平均在 32%；當一個企業的產品品質排在 15 位以下，其稅前投資回報率平均僅在 14%。

美國蓋洛普商業調查公司曾做過一項民意測驗，題目是「你願意為品質額外支付多少錢？」

其結果甚至使那些委託進行調查的人都感到吃驚：「大多數使用者只要產品品質滿意，就願意多花錢。」

較高的品質直接帶來了顧客的忠誠度，同時也支撐了較高的價格和較低的成本，並能減少顧客的流失和吸引到更多的新顧客。如果說 20 世紀是生產率的世紀，那麼 21 世紀就是品質的世紀，品質是一家企業平和佔領市場最有效的武器。所以企業不能只把

數量作為衡量業績好壞的標準,而必須把品質提升到第一位,只有好的品質,才能真正產生效益,否則單純地追求數量最終只能是資源的浪費。

將硬體、軟體和服務無縫整合，從而做更多事情

2014 年 1 月 30 日，谷歌宣佈將摩托羅拉移動以 29.1 億美元出售給聯想。對此，谷歌公司 CEO 拉里·佩奇的解釋是：「我們在 2012 年收購摩托羅拉，希望為谷歌創造一個更加強勁的專利組合並為使用者帶來優秀的智慧手機，從而進一步加強安卓生態系統……不過智慧手機市場競爭非常激烈，要繁榮發展就必須全心全意地投入。這正是為什麼在聯想的支持下，摩托羅拉將獲得更好的發展，前者是一項快速增長的智慧手機業務並且是全球最大（和發展最快）的 PC 生產商。這筆交易將使谷歌將精力投入到推動整個安卓生態系統的創新中，從而使全球智慧手機用戶受惠。」

蘋果作為谷歌的強大競爭對手，身為蘋果 CEO 的提姆・庫克自然明白這筆交易其實是谷歌的無奈之舉，正如他在接受《華爾街日報》採訪時說的那樣：「我並不感到意外。這看起來是個合乎邏輯的交易。谷歌擺脫了賠錢的業務，他們也沒有真正投入手機業務。我認為，做硬體、軟體、服務並把這些東西整合在一起很難。這也正是蘋果如此特別的原因。這真的很難，所以說，如果他們選擇不做了，我並不感到意外。」

確實，蘋果公司的一個巨大優勢就是各類資源的整合，從設計、硬體、軟體，直到內容。iPod 和 iTunes 之所以能取得巨大的成功，改變整個音樂界，就是因為賈伯斯很好地進行了音樂資源

的整合，使音樂產品以更輕鬆的方式進入了人們的生活。當然，這也為蘋果公司帶來了一次巨大的發展機遇。

而緊隨其後的 iPad 的出現，賈伯斯又對出版資源進行了整合，這又為蘋果公司帶來了更大的發展空間。賈伯斯還提出了「數位中樞」的理念：你的電腦將成為日常生活中的多種電子設備，比如音樂播放機、攝像機、行動電話和平板電腦等電子產品的「數位中樞」。或許賈伯斯的話能讓你更明白，他的原話是：「我們要成為管理你與『雲端』之間關係的公司——從『雲端』中流暢地播放你的音樂和視頻，存儲你的圖片和資訊，甚至包括你的醫療資料。蘋果率先認識到你的電腦會成為一個數位中樞。因此我們編寫了這些應用——iPhoto、iMovie、iTunes——並將它們與我們的設備整合在一起，例如 iPod、iPhone 和 iPad，效果棒極了。但是在接下來的幾年間，這個中樞將從你的電腦轉移到『雲端』。因此這是同一個數位中樞策略，但是中樞的位置變了。這意味著你總是能流覽你的內容而且不必再同步。」

這種理念與蘋果創造簡單易用的端到端一體化產品的能力相契合，因此它使得蘋果公司很快從一個高端小眾電腦公司轉變為全球最有價值的科技公司。「看看我們的偉大成品有很多，但有一件事我認為是其他人比不了的，那就是硬體、軟體和服務的整合程度。消費者在意的就是非凡的體驗。」身為賈伯斯繼任者的提姆·庫克自然深刻地認識到了這點，他也希望能繼續帶領蘋果將硬體、軟體和服務無縫整合起來，從而做更多事情。但同時，他也清醒地認識到，「（科技企業）真正不可思議的應該是硬體、軟體和服務的交融，而這些不可能一蹴而就，需要數十年的經歷

來打造。」

從賈伯斯手中接過蘋果公司的執掌大權後，提姆‧庫克就一直致力於將硬體、軟體和服務進行無縫整合，從而建立一個完美的蘋果生態系統。蘋果公司在 2014 年 9 月 10 日的產品發佈會的展示重點其實並不是蘋果當時推出的一連串新產品——4.7 英寸的 iPhone 6、5.5 英寸的 iPhone 6 Plus 和全智慧手錶 Apple Watch 三款硬體和移動支付平臺 Apple Pay，而是將自身的產品線、應用開發者、硬體廠商和服務供應商整合在一起的生態系統，這個系統已經可以深入到使用者生活和工作的各個角落，並可以隨時隨地與其進行交互運作，而這才是蘋果的真正目標。

提姆‧庫克在 2014 年蘋果產品發佈會上介紹新款 iPhone 時曾說：「我們的產品並不僅僅擁有豐富的功能，產品與產品之間也是可以進行協同工作的。」事實也正是如此，蘋果如今的產品線已經完全能夠為客戶帶來整體劃一的「蘋果式」體驗。

2014 年的蘋果新品發佈會完全暴露了蘋果試圖全面「入侵」用戶生活和工作的「野心」，新款 iPhone、智慧手錶 Apple Watch、移動支付平臺 Apple Pay、智慧家居平臺 HomeKit、健康管理平臺 HealthKit、室內資料傳輸技術 iBeacon 和智慧車載系統 CarPlay 等等，蘋果正在打造一個電腦無處不在的世界，這將會對人類社會產生極其深遠的影響。

仔細觀察蘋果公司的產品，你就會發現它們其實就是一個能放在口袋裡的電腦，一個能戴在身上的電腦，一個能用來充當支付工具的電腦，一個能幫你打開房門的電腦，一個能監測你運動狀態的電腦，一個能記錄你的睡眠狀態的電腦，一個能控制家中

所有智慧家電的電腦，一個能告訴你在何處停車的電腦，一個能檢測你心率、行走步數和消耗熱量的電腦，一個能整合到汽車的電腦等等，最後，上述所有的電腦都能夠透過位於雲端的平臺聯繫起來，於是你的口袋、手腕、汽車、辦公室和家就被合成為一個有機的整體。這就是提姆・庫克所描述的「多設備協同工作」的理想狀態。有人曾比喻蘋果的生態系統像個「沼澤」，我們與其交互得越多，就會「陷」得越深，對這個系統的依賴性就會越強，不過幸運的是，從目前的情況來看，蘋果是一個非常引人喜愛的「沼澤」。

使看似困難的事情變得容易，使實際收益遠遠超過預期收益，這就是資源整合的力量。所謂資源整合，就是指企業對不同來源、不同層次、不同結構、不同內容的資源進行識別與選擇、汲取與配置、啟動和有機融合，使其具有較強的柔性、條理性、系統性和價值性，並創造出新的資源的一個複雜的動態過程。資源整合的唯一目的是使企業獲得最大的經濟利益。資源整合是企業戰略選擇的必然手段，是企業管理者日常進行的工作之一。

任何一家企業的資源都是有限的，但在整合的思維下，有限的資源能夠衍生無窮，因此每一個企業都應該成為資源整合的行家。

現代管理學之父彼得・杜拉克認為，管理的作用在於對企業的成果和績效加以定義，任何有此種經驗的人都可以體會到，這是一個最困難、最有爭議，同時也最重要的任務。因此，管理的首要功能就在於整合企業的各項資源以獲得存在於企業外部的成果。

　　資源整合分為戰略和戰術兩個方面的含義。在戰略層面上，資源整合反映的是系統的思維方式，就是要透過組織和協調，把企業內部彼此相關卻彼此分離的職能，把企業外部既參與共同的使命又擁有獨立經濟利益的合作夥伴整合成一個為客戶服務的系統，取得 1+1>2 的效果。在戰術層面上，資源整合是對各項資源進行優化配置的行為，就是根據企業的發展戰略和市場需求對有關的資源進行重新配置，以凸顯企業的核心競爭力，並尋求資源配置與客戶需求的最佳結合點。資源整合是一項複雜的系統工程，只有我們勤於思考、善於發現，資源才會層出不窮，這是確保資源整合實現並取得實效的首要前提。

蘋果新世代 庫克王朝

第七章
錯了就認錯，並且有改正的勇氣

我們所有人都有同樣的價值觀，我們想要做正確的事情，要保持誠實與直率。犯錯時，我們會勇敢承認，並有勇氣改正錯誤。

——提姆·庫克

蘋果將繼續改善蘋果地圖，直到它稱得上世界級產品為止

2012 年 9 月 28 日，蘋果公司的官網上突然出現了一封由蘋果公司 CEO 提姆·庫克親自書寫的道歉信：

致我們的用戶：

在蘋果，我們竭盡全力地開發世界級產品，盡可能地為我們的用戶提供最棒的體驗。但是在我們上週發佈的新的地圖服務中，我們發現這種承諾履行得不夠完善。我們為蘋果地圖服務給使用者帶來如此巨大的失望而深感歉意，我們正在採取力所能及的一切措施讓地圖服務變得更好。

我們一開始在第一版 iOS 中就發佈過地圖服務。隨著時間的流逝，我們希望為我們的用戶們提供更好的地圖服務，這種更優質的地圖服務應該包括更強大的功能，比如 turn-by-turn 導航、語音流覽、高架橋標示和向量地圖等。為了實現這個目標，我們必須從頭開始開發一款全新版本的地圖服務。

截至目前為止，已有超過 1 億 iOS 設備使用新的蘋果地圖服務，每天還有更多的用戶加入進來。就在過去的一週，使用蘋果新地圖服務的 iOS 使用者已經搜索了將近 5 億個地點。我們的使用者使用

蘋果地圖服務的次數越多，我們的地圖就能越加完善。我們非常感謝使用者提供給我們的回饋資訊。

雖然我們正在不斷完善地圖服務，但你們也可以嘗試使用其他的替代產品，比如你們可以從 APP Store 下載其他的地圖應用，或者搜尋谷歌或諾基亞的網站去使用它們提供的地圖服務，同時還可以在主螢幕上創建相應的地圖應用圖示。

提姆‧庫克曾經保證：「我們在蘋果所做的一切，都是為了讓我們的產品成為世界上最好的產品。我們知道，你們對蘋果有著很高的期望，在此我向各位保證：蘋果將繼續改善蘋果地圖，直到它可以稱得卜是一款世界級產品為止。」

坦然承認自己的錯誤，這是賈伯斯時代的蘋果公司絕對不可能會做的事情，但提姆‧庫克卻代表蘋果公司這樣做了，甚至他還推薦用戶使用蘋果公司競爭對手的地圖產品來替代蘋果地圖。

提姆‧庫克為什麼要道歉？原來是當蘋果使用者更新 iOS6 系統後，發現蘋果的新系統中剔除了原本的谷歌地圖，代以蘋果自家的地圖應用，可惜蘋果地圖細節內容缺失，3D 視圖功能又畸變嚴重，導航甚至都會出現錯誤，因此一經推出就遭到用戶的強烈抵制。在使用者對蘋果的新地圖應用軟體進行了一個多星期的抱怨和玩笑之後，身為蘋果 CEO 提姆‧庫克決定就新地圖應用的種種差錯向顧客表示道歉，於是才有了上面那封言辭懇切的道歉信。提姆‧庫克的道歉信，為蘋果「地圖」事件暫時畫上句號。

在提姆‧庫克看來，儘管「很多人，尤其是 CEO 或者其他高管，他們總是固執己見，拒絕或者根本沒有勇氣承認自己的失

誤」。但他認為敢於認錯並且改變自己的想法是一種非常寶貴的品格。很明顯，提姆‧庫克本人是擁有這種高貴的品格的，他不僅多次在公開場合坦承蘋果地圖的失誤，還為修正這個錯誤做出了不懈的努力。

2012 年 12 月 6 日，當提姆‧庫克作客 NBC 電視臺主持人布萊恩‧威廉斯主持的《Rock Center 新聞秀》節目時，就很坦然地和主持人布萊恩談到了蘋果地圖的失誤。

布萊恩：「地圖應用帶來的挫折有多大？」

提姆‧庫克：「這個應用沒有滿足我們消費者的期望，而我們自己對產品的期望往往比消費者還要高。總之，我們搞砸了。」

布萊恩：「接著你就解雇了兩名高管負責人的職務。」

提姆‧庫克：「是的，畢竟我們把事情搞砸了。我們整個公司正在努力修正這個失誤。」

是的，提姆‧庫克修正錯誤的第一個舉動就是解雇了不願意為蘋果地圖的糟糕表現向用戶道歉的史考特‧佛斯托爾。

蘋果公司 2013 年第一季度財報的電話會議上，提姆‧庫克也沒忘記對蘋果地圖做總結：「目前我們針對蘋果的地圖系統已經做了大量的改進，並將在接下來的時間內不斷地完善。原因很簡單，大家都不想看到因為地圖的原因而導致約會遲到。我們將繼續致力於提高它（蘋果地圖）的用戶體驗，並最終會將其提升到一個非常完美的水準。」

為了更好地解決蘋果地圖的商戶清單報告資訊不實或資料缺失等問題，提姆‧庫克不得不專門為蘋果公司招募了一些員工來確認企業資料的真實性——蘋果公司在全球至少 7 個地區招聘地

圖地面實況經理（Maps Ground Truth Manager）等人才，地圖地面實況經理將負責帶領團隊測試最新發佈的地圖資料，收集最新的地埋位置資訊以及對競爭對手的產品進行測試。

蘋果公司還針對蘋果地圖推出了大量更新程式，為數百個城市提供更精確的地圖資訊，為法國、英國、德國等國家提供高品質衛星圖像，擴大 Flyover 3D 地圖覆蓋範圍，為巴塞隆納、羅馬、哥本哈根、都柏林等 12 個城市提供逐向導航（turn-by-turn navigation）功能等。

此外，蘋果公司還於 2014 年 10 月 22 日推出了一項名為「蘋果地圖連接」（Apple Maps Connect）的服務，透過眾包模式讓企業主自行驗證和提交與自己的企業有關的資訊——除了常見的地址、電話號碼和地理位置外，企業還可以增加官方網站、Yelp 主頁、Facebook 主頁和 Twitter 主頁等網址信息。蘋果公司這項服務，對於那些針對不同地區的店面設計了不同主頁的公司來說，確實非常有用。

還有消息稱，蘋果已經制定了一個宏大的計畫，利用全球海量用戶手中的 iPhone，以及實體建築內分佈的 iBeacon 硬體設備，進行室內地圖繪製工作。在業內人士看來，利用 iBeacon 室內地圖繪製，使得蘋果有了在室內地圖上超越谷歌的可能。而且，室內地圖直接關係到大型購物中心和場所中的店鋪，可以給商戶或是蘋果帶來收入。根據蘋果收購室內地圖公司 Wi-Fi SLAM 和公共交通製圖公司 Embark 的動作來看，這個消息不像是空穴來風。

還有媒體根據蘋果公司在 2013 年 9 月一則招聘「地圖網路開發者」的啟事，猜測蘋果公司有將地圖服務向網頁端發展的趨勢。

假如蘋果能夠推出網頁版蘋果地圖服務，將有助於吸引更多的用戶使用蘋果地圖，對開發者來說也是一個新的集成機會。

2014 年 11 月 20 日，為了進一步完善旗下的地圖服務，提姆・庫克又宣佈蘋果公司將會與十家新的資料供應商合作，這 10 家供應商分別是：DAC Group、Location3 Media、Marquette Group、Placeable、PositionTech、SIM Partners、SinglePlatform、UBL、Yext 以及 Yodle。

此前為了獲得地圖資料，蘋果公司已經與 TomTom 以及其他室內地圖資料的供應商合作。此外，蘋果公司還收購了多家與公共交通資料、室內地圖資料相關的公司，包括綜合大型地圖公司 BroadMap，這一切都證明提姆・庫克確實努力想要兌現他的那個承諾——「蘋果將繼續改善蘋果地圖，直到它可以稱得上是一款世界級產品為止。」

人的本性就是趨利避害，所以當我們犯下錯誤時，本能的反應就是掩飾或是辯解，而這往往只能造成欲蓋彌彰的反效果，錯誤一旦犯下，就像射出去的箭，不可能回頭，我們理性的選擇是自己拔出心口的刺，而不是任它在心口腐爛，與其最後被別人揭下面具，不如自己揭去，後者失去的是面具，前者失去的則是人格。只有意識到並承認自己的錯誤，你才能走得更遠。

羅馬皇帝馬可·奧勒留在《沉思錄》中非常智慧地告訴我們，那些保留錯誤的人會因此受到傷害。如果有人指出我們的錯誤，我們一定要注意針對問題具體分析，要仔細地思考這個說法是否正確，如果是正確的話我們就得趕緊掉頭，不要固執地一條道走到黑。不過度偏執，不鑽牛角尖，理智地分析、採納別人的意見，

適當地改變自己，在很多時候都是有必要的。對於企業來說，要想謀得長久發展，更需要清醒地認識到自己的錯誤，並積極做出改變。

我不會、也從未對蘋果的供應鏈問題坐視不管

　　蘋果公司是典型的品牌輸出企業，負責創意和設計，產品製造由供應商提供。從一些公開的產品拆解報告和產業分析文獻中看到，蘋果公司的供應商遍佈全球，分佈在臺灣地區、美國、韓國、德國等地，在中國大陸主要是臺資企業的生產基地，最後主要由富士康組裝成機。

　　2011 年，提姆‧庫克從賈伯斯的手中接手蘋果公司 CEO 這個職位不久，《紐約時報》的一篇報導將蘋果推入了輿論漩渦，引發外界對蘋果代工工廠工作環境的廣泛質疑。這篇報導揭露了富士康的很多問題，包括超時加班、雇用童工，以及一些可能致命的問題——比如讓員工使用有毒化學品清潔 iPhone 螢幕，工廠發生過爆炸導致人員傷亡等等。一時間蘋果公司備受指責，約有 25 萬人在 Change.org 上聯名要求蘋果公司改善員工的待遇和環境。

　　與賈伯斯很少提到富士康相比，提姆‧庫克選擇了截然不同的處理方式：直面「風暴」。他先是嚴厲的批評了代工工廠惡劣的工作環境、過低的薪水和暴力行為，並承諾：「我們不會、也從未對我們的供應鏈問題坐視不管或視而不見，任何關於公司不關心員工疾苦的說法都是明顯錯誤的。」緊接著，他親自前往參觀了富士康在中國內地的生產廠房，並反常地加入美國公平勞工協會（FLA），開始與之合作審查富士康的用工情況。

在與提姆・庫克洽談後，富士康方面公開宣佈：到 2013 年 7 月，所有員工每週的工作時間都不會超過法律規定的 49 小時。在此之前，一些富士康員工每週的工作時間甚至會接近 100 小時。富士康還承諾給員工加薪，防止因為工作時間縮短而導致薪水減少，這相當於給很多員工加薪 50%。

在面對《紐約時報》關於蘋果代工工廠工作環境問題的詢問時，提姆・庫克堅定地表示：

「一直以來，蘋果都非常看重工廠的工作環境。我們的目標是保護、穩定、改善參與組裝任何一件蘋果產品的員工的生活。在同等領域之內，沒有哪一家企業能夠像我們這樣關心員工，像我們這樣做到與低層多次接觸。我們透過世界頂級專家的協助和自身的多年努力實踐，已經建立起一套完整的工作廠房、員工宿舍、安全標準體系。與此同時，我們還為員工建立了獨樹一幟的教育項目。

「從 2008 年至今，已經有超過 20 萬名工廠員工享受到蘋果提供的免費課程——包括大學級別的教育，超過 100 萬名員工受益於我們的培訓項目。我們認為，無論是哪家工廠的員工都應該在一個安全及公平的環境裡工作，他們理應拿到令自己滿意的薪水，同時可以自由地對工作環境提供意見和建議。部件供應商如果想要與蘋果展開合作，他們對待員工的態度也需要和我們一樣。」

事實確實如提姆・庫克所說，蘋果早在 2006 年就已經開始公開發佈對於自己的主要供應商內部員工工作環境的報告。在《紐約時報》引發公眾對蘋果代工工廠工作環境的廣泛質疑後，從 2012 年開始，蘋果又開始每年發佈自己的主要供應商名單、地點，

以及當中主要代工廠生產的產品內容的報告，在報告中蘋果還會加入超過 100 萬代工廠員工工時等資訊的披露。

2012 年 2 月，當蘋果 CEO 提姆‧庫克首次出席高盛公司技術和互聯網大會時，也不可避免地被高盛分析師比爾‧肖普問及蘋果代工廠環境的問題：「關於蘋果與供應鏈及其員工的關係，有什麼是投資者應該知道的嗎？」

這一次，提姆‧庫克再次申明了蘋果對員工工作環境的重視——「我要告訴大家，長期以來，蘋果都非常認真對待工作環境問題。無論是蘋果在歐洲、亞洲或美國的員工，我們都十分關注。」同時，提姆‧庫克還詳盡地闡述了蘋果公司在這一方面所做出的種種努力。

提姆‧庫克認為，蘋果與製造工廠的關係非常密切，因此蘋果必須要對工廠工作環境的細微之處都瞭若指掌。為了更好地掌控蘋果的供應鏈，提姆‧庫克私底下也花了大量時間在工廠，比如他就曾在富士康工廠——阿拉巴馬州的一家造紙廠和維吉尼亞的一家鋁工廠工作過。蘋果許多高層管理也會定期視察這些工廠，同時提姆‧庫克還安排了數百名蘋果職員待在這些工廠，集中解決最困難的問題，直到問題解決才離開。

提姆‧庫克清楚地知道：供應鏈是複雜的，與供應鏈有關的問題也是複雜的。但他還是認為蘋果應該明確地承諾：「每一位員工都有權在公平、安全的環境中工作，不被歧視。在這裡，他們可以互相競爭，獲得與勞動付出相應的報酬。他們也可以暢通無阻地提出自己的問題。蘋果供應商必須做到這些才可與蘋果合作。」

在提姆・庫克看來，教育是最好的平衡器，如果員工們能增強他們的技能和知識，他們就能改善自己的生活條件。因此，提姆・庫克決定讓蘋果公司努力給供應商提供員工教育資源，為供應鏈上的許多工廠提供免費的課程。對於那些渴望透過工作改善生活的員工來說，這是一個十分不錯的機會。

提姆・庫克還決定將蘋果公司正在解決的問題的詳細報告發佈在蘋果官網上，以便人們隨時知曉蘋果公司在這方面的努力。提姆・庫克認為，「在科技行業，沒有哪家公司能比蘋果更致力於改善工作環境。我們不斷深入供應鏈，調查各家工廠，查找問題並解決問題。我們將這些細節公諸於世，是因為我們明白，在這些方面，保持透明非常重要。」

儘管蘋果的供應鏈極少有雇用童工的現象，但提姆・庫克仍堅決表明了蘋果在這方面的態度：「雇用童工是可恨的。此前我們已剷除了裝配工廠雇用童工的現象，如今我們擴展到供應鏈的其他工廠。一旦我們發現任何一家供應商有雇用童工，我們將立即解除合作。」

對於工作安全問題，提姆・庫克則表示：「我們絕不容許掉以輕心。」如果安全出現問題，蘋果將運用最佳的解決方式，設立新的標準，然後應用到供應鏈其他工廠。在工作安全方面，蘋果公司不會放過任何細節。「如果一家工廠的餐廳沒有放置滅火器，我們絕不會讓其通過安全檢查。」提姆・庫克說。

工作超時其實是許多行業普遍存在的問題，儘管蘋果的行為準則規定每週最多只能工作 60 小時，但仍有不少工廠的工作時數超出蘋果的規定。在《紐約時報》爆出富士康員工超時加班問題

後，提姆‧庫克覺得是時候該全面改變工作超時現象，開始從宏觀基礎管理工作時間了。蘋果公司會在官網公佈每月代工廠員工每週工作時數資料，做到對所有人透明，這是蘋果前所未有的舉措。蘋果的這個舉措一出，絕大多數蘋果代工廠都做到了遵循蘋果公司的規定，這比以前有了很大的改善，但提姆‧庫克認為蘋果可以做得更好，因為他深知：「人們對蘋果給予很高的期望，我們對自己也設立了更高的期望。蘋果消費者希望我們領先行業標準，我們也將繼續努力。我們有幸擁有世上最聰明和最創新的人才。我們將繼續努力，加大精力，像對待新產品開發那樣關注供應商責任。」

隨著市場競爭不斷激烈，想要發展壯大的企業，越來越注重企業人性化管理與感情投資，致力於將公司建設成為員工溫馨的家園，為員工創造良好的生活及工作環境，提高優質化服務水準，從而以良好的工作環境與生活福利提高公司的凝聚力、向心力與競爭力。提姆‧庫克正是深知這一點，並真正努力為蘋果的員工創造有助於提高員工幸福感的工作環境，才激發出了蘋果員工創造偉大產品的熱情。

出色的用戶體驗，不應以犧牲用戶的隱私為代價

2014 年 9 月 1 日，有外國駭客疑利用蘋果公司的 iCloud 雲端系統（iCloud 是蘋果公司提供的雲端服務，可以備份存放照片、音樂和簡訊等資訊並推送到使用者所有蘋果設備上）的漏洞，非法盜取了包括奧斯卡影后珍妮佛‧勞倫斯在內的多位好萊塢明星的裸照，繼而在網路論壇發佈，在蘋果用戶中引起了極大的恐慌。

蘋果公司很快在 9 月 2 日進行了回應：「獲知資訊被盜取，我們非常惱火，立即調動蘋果工程師調查（洩露）源頭。公司技術人員經過 40 小時調查後確認，駭客並沒有直接進入 iCloud 等存儲服務系統，而是侵入女星個人帳戶，從而竊走照片。我們已經發現，某些名人帳戶（安全性）受到損害，使用者的用戶名、密碼和安全問題受到非常有針對性的攻擊，這是網路上常見的手段。」同時，蘋果公司呼籲蘋果使用者採取更安全的密碼，強化個人帳戶安全。

然而，儘管事後證明蘋果的線上服務並沒有出現大範圍的資料洩露現象，但蘋果公司保護使用者隱私資訊的能力還是首次受到了外界的公開質疑。為了更好更快地化解好萊塢明星豔照門引發的信任危機，提姆‧庫克決定親自對廣大蘋果用戶做出承諾。於是，在 2014 年 9 月 18 日，提姆‧庫克的一封公開信——《提姆‧庫克闡述 Apple 對個人隱私的承諾》出現在了蘋果公司的官

網上。

對於發佈這封公開信的原因,提姆·庫克的解釋是:「我們發佈這封公開信,是為了說明我們如何處理你的個人資訊,我們會收集和不會收集哪些資訊,以及其中的原因。我們將確保讓你能至少每年一次於本網站獲得有關 Apple 隱私政策的更新,並及時獲悉我們政策的重大變化。」

在公開信的開頭,提姆·庫克就明確地表示:「在 Apple,你的信任對我們而言意味著一切。正因如此,我們尊重你的隱私,並使用強大的加密技術來保護它們,更以嚴格的政策來管理所有資料的處理方式。」

在提姆·庫克看來,安全和隱私是蘋果設計所有硬體、軟體與服務的基礎,這其中不僅包括 iCloud,還有 Apple Pay 等新服務。同時,蘋果還在對它們進行持續不斷的改進與完善。提姆·庫克還在信中鼓勵所有蘋果用戶使用兩步驟驗證,這樣不僅能保護使用者的 Apple ID 帳戶資訊,還能保護使用者在 iCloud 上存儲與更新的所有資料。

提姆·庫克在信中明確表示,蘋果的每款產品的設計都遵循一個準則,那就是:只要是關乎使用者個人資訊的事,蘋果都會事先如實告知使用者,並在用戶與蘋果共用它們之前徵得用戶的許可。當蘋果請求使用使用者的資料時,其目的只有一個,那就是為用戶提供更好的用戶體驗。當然,如果用戶之後改變了主意,蘋果也能讓用戶輕鬆停止與蘋果的共用。

阿里巴巴創始人馬雲曾經說過:「我自己也喜歡用免費的東西,但是免費的往往是最貴的。」對於這一點,提姆·庫克也深

有體會，但他並不認同這樣的產品理念。正如他所說的：「幾年以前，使用互聯網服務的使用者開始意識到，當一項線上服務免費時，你就不再是消費者，反而成為被消費的對象。但在 Apple，我們堅信出色的用戶體驗，不應以犧牲你的隱私為代價。」

提姆·庫克認為，蘋果的商業模式只有一個，那就是銷售出色的產品。「我們軟體和服務的設計初衷，是讓我們的設備更為出色。一切就這麼簡單。」提姆·庫克這樣說。因此蘋果不會根據使用者的電子郵件內容或網頁瀏覽習慣來建立檔案，然後出售給廣告商；也不會用用戶存放在 iPhone 或 iCloud 上的資訊來賺錢；蘋果更不會讀取使用者的電子郵件或資訊，從中獲取資料來向使用者推銷相關商品。

當然，提姆·庫克也不否認蘋果有一部分業務是服務於廣告商的，那就是 iAd。但提姆·庫克認為，「我們之所以打造廣告宣傳網路，是因為某些 APP 開發者需要依靠這種商業模式，而我們希望為其提供與 iTunes Radio 免費服務相同的支援。」同時，提姆·庫克也鄭重承諾：「iAd 遵守與其他所有 Apple 產品完全相同的隱私政策。它不會從健康 APP、HomeKit、地圖 APP、Siri、iMessage、通話歷史紀錄，或通訊錄及郵件等任何 iCloud 服務中獲取資料，而且你隨時可以全部關閉此功能。」

此外，提姆·庫克還在公開信中想要徹底澄清一點：「我們從未與任何國家的任何政府機構就任何產品或服務建立過所謂的『後門』。我們也從未開放過我們的伺服器，並且永遠不會。」儘管美國執法部門對蘋果加密 iPhone 資料的行為展開批評，但提姆·庫克堅持一點：「我認為，如果執法部門想要什麼東西，應該

直接找用戶要，這不是我的職責。」

在公開信的最後，提姆·庫克再次強調蘋果公司對用戶個人隱私的重視：「我們對保護個人隱私的承諾，源於對消費者深深的尊重。我們知道，獲得你的信任並非易事。也正因如此，我們才一如既往地全力以赴，來贏得並保持這份信任。」

同時，蘋果公司官網還推出了關於用戶隱私的專屬網頁，從隱私保護、隱私管理、如何處理來自政府的資訊請求三個方面詳細闡述了蘋果是如何保護用戶隱私，以進一步消除外界對蘋果系統的質疑。

在 2014 年蘋果公司推出的新產品 Apple Pay 和 Apple Watch 中，提姆·庫克同樣做好了保護用戶隱私的措施。Apple Pay 雖然是一項支付服務，但蘋果不會在設備或伺服器上存儲任何支付資訊，它只是在商戶與銀行之間搭建一座橋樑。正如提姆·庫克所說：「我們並不像大多數人認為的那樣想知道你要買什麼，你要在哪買，你要花多少錢這樣的資訊，我們不在乎。」而 Apple Watch 雖然具備健康追蹤功能，但是蘋果禁止應用開發人員在雲伺服器上存儲任何健康資訊，蘋果手錶在設備上記錄的所有健康資訊都會進行加密處理，使用者有權決定哪些應用可以讀取這些資料。

在提姆·庫克看來，蘋果與亞馬遜和谷歌那些等依靠追蹤用戶活動投放廣告和銷售商品的公司不同，蘋果的主要收入來源仍然是硬體銷售，因此蘋果完全沒有必要收集使用者的隱私資訊——蘋果公司不會查看使用者的搜尋紀錄，也不會閱讀使用者的郵件，更不會追蹤他們家裡的溫度和他們的購買記錄。蘋果公司設計產品時不會故意留下後門，因為提姆·庫克認為駭客同樣

也會利用這些漏洞。

　　現代管理學之父彼得‧杜拉克曾說：「什麼是企業，這是由顧客決定的。只有當顧客願意購買你的商品與服務時，企業才能把經濟資源轉為財富。」可見，只有創造顧客才能救活企業，而只有站在顧客的角度，才能擁有顧客。提姆‧庫克之所以能帶領蘋果延續賈伯斯時代的輝煌，就是因為他凡事都要站在顧客的角度思考問題，研發任何一項產品都秉持一個原則：出色的用戶體驗，不應以犧牲用戶的隱私為代價。

第八章
盡我所能，打造一個更美好的世界

更美好，一個充滿力量的表達，一個充滿力量的理想，它讓我們用心審視這個世界，迫不及待地想將它變得更美好，創新、改進、重新創造，只為讓一切變得更美好，這已深深融入了我們的 DNA 中。

——提姆・庫克

在社會責任方面，我會保持 100％的透明

2014 年 10 月 22 日，提姆・庫克在與清華大學經濟管理學院院長錢穎一進行「巔峰對話」時曾說道：「企業和人一樣，也是有靈魂的。我不知道您怎麼想，但是我不願意在一家沒有靈魂的公司工作。我希望我工作的公司能夠有所追求。我們主要是透過產品來給我們的使用者創造更好的體驗，但是我們也希望作為一個大公司能夠承擔起相應的社會責任。」

提姆・庫克認為，對企業責任問題保持高度關注，並且注重用戶體驗效果，是如今蘋果的主要信條之一。他承認，在以前的蘋果，「我們要保持沉默，什麼都不能說，只能討論已經完成的事情。」但如今他發現，在社會責任方面，蘋果以前的這種模式無法奏效，正如他所說：「我們認識到，自己需要在產品和路線圖這個方面超級保密；但在其他領域，我們將會變得完全透明，從而可以做出最大的改變。」所以，他做了一個決定——「我會保持 100％的透明。」

更重要的是，提姆・庫克看到了「保持 100％的透明」將對社會做出的改變。提姆・庫克曾說：「我們越是透明，公共空間也就會變得越加透明；公共空間變得越加透明，就會有越多其他公司將決定去做類似的事情；這樣做的人越多，所有事情就都會變得越好。」

在 2012 年 5 月的一次會議上，提姆‧庫克在宣稱蘋果「將加強產品保密性」時，就特別補充說道：「我們還要重視另外一件事情，成為全球最透明的企業，包括社會變革、供應商責任和環境影響等方面。之所以要在這些方面做到最透明，是因為我們認為透明對這些領域意義非凡。如果我們這樣做了，其他企業也會仿效這種做法。」

提姆‧庫克認為，蘋果需要在供應鏈責任和環境保護這兩大方面做到 100% 的透明。

在供應鏈責任方面，蘋果於 2005 年制定了電子行業有史以來最為嚴格的準則——《Apple 供應商行為準則》，而且每一年都會提高標準。蘋果最新版的《供應商責任標準》內容多達 100 多頁的全方位要求，提出了供應商必須遵守的具體要求，這些要求共有 20 個主要方面，涵蓋勞動權益與人權、健康與安全、環境影響、管理系統和道德規範五大類別。同時，蘋果還擴大了《供應商責任標準》的範圍，增加了對於學生員工、人性化的工休、廠界雜訊、宿舍空間和使用、緊急情況的防備、負責任的原料採購、環境問題，以及更多方面的要求。為了確保供應商遵守蘋果的準則，蘋果還積極推行合規監督計畫，內容包括蘋果領導下的工廠審核和糾正措施計畫，並要求對這些計畫的貫徹實施進行確認。

蘋果會定期對供應商進行審核，每次現場審核均由一位蘋果審核員主導，同時由特定領域專家來輔助擔任的當地協力廠商審核員。每一位協力廠商專家均需接受關於如何使用蘋果詳細審核協議的培訓。這些團隊對每家接受審核的工廠進行實地檢查，採訪員工及管理人員，並對應蘋果的《供應商行為準則》中的各個

類別,以超過 100 個資料點為基礎,對供應商進行審查和評級。除了按計畫進行定期審核,蘋果還會進行突擊審核,即蘋果的團隊會在不予通知的情況下訪問一個供應商,並堅持在抵達後的一小時之內檢查工廠。蘋果會利用審核得來的資料來確保供應商的合規性及與時俱進的持續改善,同時也用來考量新方案,從而滿足蘋果的供應商及員工不斷變化的需求。

如果供應商嚴重違反了《Apple 供應商行為準則》,比如身體虐待;雇用童工、抵債勞動或強迫勞動;偽造資訊或妨礙審核;教唆員工應付審核或因其提供資訊而予以報復;賄賂;嚴重的污染和環境影響;以及直接威脅員工生命或安全的情況,蘋果會要求供應商馬上糾正違規行為。在提姆・庫克看來,簡單地中止與供應商的合作並不能真正解決問題,因為如果沒有其他干預措施,便可能讓這些違規行為繼續存在。但是,如果一項違規行為特別嚴重,或者蘋果認為一家供應商沒有履行承諾去制止該違規行為,蘋果就會終止與該供應商的合作關係,並在適當的時候向監管部門報告該行為。任何有重大違規行為的供應商都會被試用察看,直到下一次重新審核(通常在一年之內),在問題得到充分解決且試用察看期結束之前,該供應商可能不會獲得新的業務。

在環境保護方面,蘋果不僅努力設計對環境無害的產品,同時還與供應商通力合作,以確保他們在所有產品生產基地都使用對環境負責的製造流程。提姆・庫克要求,在所有的蘋果產品生產基地,供應商必須保證維護蘋果的每一項環境標準,包括危險廢棄物管理、廢水管理、雨水管理、氣體排放管理,以及邊界雜訊管理。

　　蘋果會透過多種方法來審核供應商是否存在環境風險，這些方法包括現場合規性審核、環境概況調查、與非政府組織合作，以及使用中國公眾環境研究中心（IPE）的水和空氣污染資料庫等資源。2013 年，蘋果完成了針對蘋果前 200 家供應商的 520 多項環境概況調查，這些資料能幫助蘋果根據類別來判斷風險，還使蘋果能夠打造有針對性的培訓、工具和方案，以最大限度減少蘋果的供應商對環境的影響。

　　一旦發現供應商存在環境風險或問題，蘋果就會立即對其進行更深入的環境評估。2013 年，蘋果進行了 62 項評估，包括分析歷史問題，採集廢水和沉積物等環境樣本，收集資訊，以及清查違反《Apple 供應商行為準則》的情況。蘋果改進措施流程來處理所有調查結果和違規行為，然後交由協力廠商審核員對整改進行檢驗，並根據需要交由當地環境相關的非政府組織進行檢驗。

　　為了解決合格的 EHS（環境、健康和安全）督檢人員短缺的問題，蘋果還成立了蘋果供應商 EHS Academy，這是一項為期 18 個月的正式計畫。EHS Academy 開設了 25 門關於環境、健康和安全的課程，包括常規化和訂製化的班級，傳授危害風險識別與評估、防火安全、人體工程學、工業衛生、水資源管理和空氣污染控制等科目。EHS Academy 注重基礎知識建設、技能建構，以及管理和領導能力的培養。學員必須選擇並修完 19 門課程。完成計畫後，學員將獲得由大學頒發的結業證書。同時學員還會被要求運用所學知識在其工廠創建並執行即時專案。

　　為了在環境保護方面做得更專業，提姆・庫克在 2013 年 6 月為蘋果公司邀來了環保專業人士麗莎傑克森，在加入蘋果公司前，

她是歐巴馬的內閣成員，擔任環保署署長。她從事環保工作達 26 年，因 2009 年推動美國減少溫室氣體排放而被外界所注意，美國《新聞週刊》將其列入「2010 年最重要的人物」名單，《時代》雜誌連續兩年將其評為「全球 100 位最具影響力人物」。麗莎·傑克森的加入也確實讓蘋果在環境保護方面的成績得到了飛速的提升。

在提姆·庫克看來，環保事業不僅可以為未來子孫後代留下一個更美好的世界，更關鍵的是，未來各國政府必將對企業碳足跡徵稅，長期來看，現在的投入一定有回報，這也是一個很重要的投資。

在當前社會，企業社會責任已成為檢驗企業核心競爭力強弱的標誌，擁有社會責任感是企業生存和持續發展的必要條件。一個優秀的企業公民，或稱企業社會責任的先行者，應該以社會責任（CSR）戰略為自己的社會責任原點。如何制定 CSR 戰略，才能對企業本身、對社會、對環境都有重要意義，往往是一個企業決策者尤為關心的問題。很明顯，提姆·庫領導下的蘋果正逐步演變為一個優秀的企業公民。

蘋果肩負的重大責任，是只製造更小的碳排放量

2011 年，國際環保組織「綠色和平」曾發佈過名為《你的資料有多髒》的報告，稱各大公司資料中心消耗的能源已經佔到了全球總耗電量的 1.5% 至 2%，而蘋果公司的資料中心是調查所涉及的公司中最不環保的一個，火力發電來源的電力佔總用電量的54.5%。

作為一家產品風靡世界的全球化公司的 CEO，提姆．庫克當然知道蘋果從產品設計、組裝，到運往世界各地供人們使用，都需要消耗大量的能源，其中部分能源來自燃燒的石化燃料，從而造成碳排放。

他也認識到，這些碳排放形成了蘋果的碳足跡，也是蘋果對氣候變化問題負有的一份責任，因此，他努力讓蘋果做到努力減少因此而產生的碳排放量，儘管蘋果已經在這方面取得巨大進展，但他認為仍有許多工作有待完成。

2014 年 9 月 23 日，提姆．庫克在參加紐約氣候週會議時表示：

「我認為處理氣候問題，現在是個重要的時機，而現在的行為也會帶來影響極大的後果。不作為的時代已經過去了。蘋果的核心理念是我們希望可以為世界留下更美好的印記，我們也認為，要達到這個目的，環境問題是必須面對的，這就是我出席活動的原因。事情永遠都有很多，但是你必須給真正重要的事情騰出時

間來。對我們的企業、地球、員工、顧客在內的每一個人來說,這都是一個至關重要的話題。」

提姆‧庫克是如何讓蘋果公司做到減少碳排放量的呢?提姆‧庫克的做法是:想方設法提高場所設施的能源和材料使用效率,採用來源更清潔的能源,製造更為節能的電子產品。

不過,要減少碳排放量,必須要先準確測量自己的碳排放量。蘋果採取了十分嚴格的方法來測量自己對環境的影響:蘋果不使用一般業界標準的測量模式,而是採用全面的產品生命週期分析方法,對產品整個生命週期內的碳排放量進行測量,因此一切都已精心計算在內。這意味著,將產品製造、運輸、使用和循環利用所產生的排放量,以及蘋果所有設施的排放量加在一起。

提姆‧庫克表示,蘋果一直致力於改進溫室氣體生命週期的分析方法。當蘋果的評估顯示某種材料、工藝或系統,正在對碳排放量產生巨大的負面影響時,蘋果都會對該項產品、工藝或設施的設計進行重新審核。

舉例來說,蘋果曾使用業界標準的方法來推算鋁金屬的排放量,但由於蘋果在眾多產品中都使用鋁金屬,因而蘋果決定對自己的鋁金屬供應商進行一次廣泛的調查。而蘋果的調查報告顯示,製造鋁金屬外殼相關的排放量,比蘋果意料中高出近 4 倍,於是蘋果更新了 2013 生命週期分析資料,以提高其準確性。

結果發現,蘋果 2013 年報告的碳排放量較 2012 年報告的有 9% 的上升。然而,該增長是由於蘋果以前低估了排放量,而非蘋果的排放量增加了。當蘋果使用新的計算方式對 2012 年的資料進行重新計算後,事實上蘋果的碳排放是同比下降了 3% 的。

　　而且，蘋果不僅報告自有設施的碳排放量，連蘋果供應鏈的碳排放量也沒有放過。更重要的是，在蘋果不斷改進的過程中，蘋果也在不斷更新資料，即使蘋果的資料不如預期中的那樣令人滿意，即使這些資料還是會招來環保人士的抨擊。可以說，蘋果在測量、驗證和披露碳排放量方面的嚴格程度，業界沒有幾家公司能做到。

　　蘋果 2013 年的碳排放量是 3380 萬公噸的溫室氣體排放，其中站所設施佔 60 萬公噸，產品使用佔 750 萬，產品運輸佔 160 萬，循環利用佔 50 萬，產品製造佔 2630 萬。可見，產品製造是導致蘋果巨大碳排放量的「罪魁禍首」。

　　提姆・庫克意識到：一個高效節能的工廠固然好，但一個 100％依靠可再生能源的工廠更加好。於是，他將「完全依靠可再生能源為蘋果公司所有的辦公室、零售店和資料中心提供動力」定為了蘋果的目標。可再生能源包括太陽能、風能、微型水電和直接利用來自大地熱能的地熱能。

　　為了完成提姆・庫克設定的目標，蘋果公司開始設計全新的建築，並更新現有的建築，以盡可能減少電能的使用。同時，蘋果公司還投資興建自己的蘋果現場能源生產設施，並且與協力廠商能源供應商建立合作關係，以獲得可再生能源。截至 2013 年，在所有蘋果設施使用的能源中，73％已轉換為使用可再生能源，其中公司園區達到了 86％的可再生能源使用率，而資料中心則已達到了 100％的使用率。截至 2014 年，蘋果在美國地區的 140 多家零售店都採用了可再生能源供電。

　　有人提出質疑：「建設一個 100％出可再生能源驅動的資料中

心，根本不可能。」

對此，提姆‧庫克堅決回應：「作為蘋果公司，我們現在所有的資料中心都是100％的可再生能源供電。有的人會質疑，我們是否真的能做到這一點。但是我告訴你，我們真的做到了。我們就是做到了100％的可再生能源供電。」「這些資料中心運行Siri、iTunes Store、APP Store、地圖和iMessage等服務。因此，每當你從iTunes下載一首歌曲，從Mac APP Store安裝一款APP，或從iBooks下載一本電子書，Apple所使用的能源，均是大自然提供的。而且這種節能並不局限於資料中心本身，還因為其提供的服務沒有實物材料需要進行製造、包裝和運輸。」

那麼，提姆‧庫克是如何讓蘋果所有的資料中心都做到由100％可再生能源提供動力的呢？

蘋果設立在北卡羅萊納州梅登的資料中心，是蘋果以節能為目標，從零開始設計的一個資料中心，也是第一個榮獲由美國綠建築委員會頒發的LEED體系白金獎的資料中心。梅登資料中心每天使用的60％～100％的可再生能源，是透過沼氣燃料電池和兩組20兆瓦的太陽能電池陣現場生成，這也是居美國首位的自有可再生能源裝置，而剩餘電量需求均購自完全清潔的能源。梅登資料中心每年可實地製造1.67億千瓦時的可再生能源，足以供13837個家庭使用。

蘋果設立在奧勒岡州普林維爾的資料中心，則著力建造微型水電系統，以充分利用流經當地灌溉管道的水能。2014年完工後，它將滿足該中心的大部分能源需求。此外，由於奧勒岡州允許直接批量購買可再生能源，因此蘋果可從當地獲取足夠的風能，為

整個資料中心提供電力。

　　蘋果設立在內華達州雷諾的資料中心，使用從當地公共事業部門購買的可再生地熱能來供電。雷諾資料中心正在與當地公共事業部門展開合作，共同開發一種功率為 18 ～ 20 兆瓦的太陽能電池陣，並採用一種以曲面鏡來集中陽光的新型光伏板。該太陽能電池陣預計於 2015 年年初投入運行，屆時每年可生產超過 4300 萬千瓦時的清潔可再生能源。

　　蘋果設立在加州紐華克的資料中心，從 2013 年 1 月起使用主要源自加州風能的能源為資料中心供電。

　　此外，為了獲得更多的資料中心空間，蘋果還會使用協力廠商託管設施。儘管這些託管設施不屬於蘋果的產業，蘋果只是使用其部分資源，但蘋果仍將其納入了蘋果的可再生能源目標之中。蘋果與這些供應商展開合作，以確保其採用盡可能清潔的方式，來提供我們所需的能源。自 2013 年年初以來，蘋果在託管設施消耗的電能，有超過 70% 來自可再生能源，但提姆‧庫克承諾會努力讓這一比例達到 100% 的理想。

　　人們日常使用蘋果產品所產生的能耗，在蘋果的碳排放量中也佔有很大比重。因此，蘋果要減輕自己的碳排放量，還要努力降低產品能耗。對此，提姆‧庫克提出的解決辦法是：更高效地將電流傳送至設備的電源，研發更具效率的硬體以及更智慧的電源管理軟體。

　　自 2008 年以來，提姆‧庫克的舉措將蘋果產品的平均總耗電量降低了 57%，大大減少了溫室氣體的排放。

　　提姆‧庫克曾說：「如果只關注自己的小天地是不足以對世

界做出改變的，我們希望成為引起漣漪的石子。」正因如此，蘋果總是不遺餘力地在減少自己對氣候變化的影響，想方設法採用更環保的材料，並節約使用所有人賴以生存的各類資源。儘管提姆·庫克對蘋果取得的進展感到驕傲，但也深知蘋果還可以做得更好。就像他說的：「雖然不能一夜功成，但我們力求日有所進。」

讓毒害物在我們的產品和生產流程中無處容身

提姆·庫克曾說：「眾所周知，我們希望打造一個更美好的世界。那對我們來說意味著什麼？那意味著我們必須從我們所有產品中清除毒素，而我們已經在這樣做。」

2014 年 9 月 23 日，以蘋果公司 CEO 身分出席紐約氣候週會議的提姆·庫克，與《聯合國氣候變化綱要公約》（UNFCCC）執行秘書長克莉絲蒂娜·菲格雷斯有一次私談，克莉絲蒂娜·菲格雷斯曾向提姆·庫克提出一個關於處理氣候時間的問題：

「處理氣候問題最稀缺的資源應該就是時間了。科學家告訴我們，我們已經沒有多少時間了。擺在我們面前的是史上最大規模的改革，而這不僅需要技術的創新，也需要市場對這些創新有所需求。在我看來，沒有任何一家公司有這個能力或是經驗去佈局下兩步、甚至是下十步的棋應該怎麼走，這不僅僅是設計產品，而且要有能力讓消費者迅速使用這些新的技術。先撇開 iPhone 6 和 Apple Watch 不談，你怎麼看待企業在氣候問題上的引導問題？現在已經沒有多餘的時間，而我們需要引導對於低碳、甚至是無碳產品和服務的需求。你認為我們應該如何行動以加速這一過程？」

提姆·庫克顯然不贊同克莉絲蒂娜·菲格雷斯的觀點，因為他的回答是：

「我們從來不會操控消費者，我們更願意提供出色的產品。他們也許從來不知道自己需要這些，但當他們看到這些產品並開始使用便會愛不釋手。這和我們今天討論的話題也是相關的。如果你關注了我們最近的新品發佈會就會發現，每當我們介紹一個新產品時都會附上一個環境達標清單，上面明確指出我們不使用毒害物質，所有的產品都可高度回收利用，並且非常節能環保。這是我們執著的信念，我們相信這對消費者來說也非常重要。所以我認為企業不僅應該告知消費者他們在碳足跡方面某一個成績較好的資料，而且應該全面地公開情況。

「我認為消費者是明智的，我也認為世界上絕大部分人都願意做正確的事情。產品的透明化程度會影響人們的消費行為，這會改變他們的消費模式。如果有足夠多的企業開始這麼做，我相信消費者會用他們的錢包去投票。沒有人希望我們的地球往不好的方向發展，我更願意相信人們內心都是善良的。」

作為一個工程師和一個環保的宣導者，提姆·庫克自然知道電子產業常用的很多物質都會給人類或地球帶來危害。在他看來，「確保組裝、使用和循環利用蘋果產品的每個人都可以享受安全，這正是我們的使命所在。」

因此，他要求蘋果以更清潔、更安全的材料來設計產品，以減少和消除這些毒害物質。

要設計出更加綠色環保的產品，必須考慮到製造材料對環境的影響。從產品使用的玻璃、塑膠和金屬材料，一直到包裝用的紙張和油墨，蘋果都會特別注意這些材料對產品和環境的影響。

其實，蘋果在產品中減少毒害物質的工作，早在 1995 年就開

始了。1995 年，當其他公司依然在電腦、線纜和電源線中廣泛使用聚氯乙烯（PVC）時，蘋果就已開始淘汰聚氯乙烯了。2006 年，蘋果公司又在顯示幕玻璃和焊料中徹底停用了鉛（Pb）。2008 年，蘋果產品的塑膠機身、電路板和連接器中已不再使用含有溴化阻燃劑（BFR）的有毒組件；曾被用於確保玻璃清晰度的砷（As）也不再使用。2009 年，蘋果的顯示幕中不再使用汞（Hg）。2013 年，蘋果產品的線纜和電源線停用鄰苯二甲酸鹽（Pht），它是一組名為內分泌干擾物的化學物質，常用於軟化線纜和電源線中的塑膠。2014 年，蘋果進一步加強了有關苯和正己烷的管制標準，明令禁止在組裝過程中使用這兩種化學物質，苯是一種已知的致癌物質，而正己烷則與神經損傷疾病有關。

2014 年 8 月 19 日報導，蘋果公司近日公佈了一份有毒物質清單，並禁止其產品加工商使用清單上的物質，清單中包含多種物質，如鈹、石棉及雙酚等，這些物質會對人體及環境造成危害。

同時，提姆‧庫克還嚴格要求供應商負起責任，嚴格遵守蘋果的《受管制物質細則》，該規範與法律規定的最低要求相比更為嚴格。蘋果會對每一家工廠進行審核，使用獨立實驗室測試零部件，並在建於庫比蒂諾總部內的實驗室裡檢驗結果。

提姆‧庫克曾收到一些信件，詢問蘋果是否在產品製造過程中使用了苯和正己烷等化學物質。凡有關不安全工作環境的質疑，提姆‧庫克都極為重視。因此，提姆‧庫克立即指派專門小組，進入 22 家組裝工廠進行調查，但最終並未發現任何有關員工的健康受到威脅的證據。儘管如此，蘋果還是決定將苯和正己烷剔除出 iPhone 組裝流程。

提姆·庫克認為，在產品中減少毒害物質，能從三個方面讓世界更美好。

第一，在產品中減少毒害物質，能讓環境更美好。良好的製造流程和負責任的循環利用最大限度地減少了蘋果供應鏈中的有毒物質，從而有助於保護我們的土地、空氣和水不受污染。

第二，在產品中減少毒害物質，能讓蘋果用戶的生活更美好。使用蘋果產品最多的人，自然是蘋果用戶，而透過盡量減少或徹底消除多種毒害物質，蘋果能夠確保每件產品都可以常年安全使用。比如，蘋果的電源線不含聚氯乙烯，不含鄰苯二甲酸鹽；蘋果的觸控式螢幕不含砷；蘋果的外殼和機身均不含溴化阻燃劑（BFR）。

第三，在產品中減少毒害物質，能讓生產者的生活更美好。蘋果致力於為製造產品的員工提供安全的工作條件，因為很多毒害物質不僅限用於產品本身，更限用於製造流程。蘋果不希望蘋果用戶受到這些有毒物質的傷害，同樣也不希望蘋果的員工受到這些有毒物質的傷害。

蘋果公司負責環保措施的副總裁麗莎·傑克遜曾在 2014 年 8 月發文表示：

「我們將投資研發新的材料和技術，也將成立新的顧問委員會，以集合在更安全化學物質和污染預防領域的專家們，推動我們最大限度地減少甚至消除產品和供應鏈中的毒害物質。我們會聽取意見，與股東召開圓桌會議，共同尋找優選的科技、資料和解決方案。」提姆·庫克也曾承諾：「我們會繼續引導行業減少或避免使用對環境有害的物質，同時，我們也會不斷努力，讓我

們的產品始終更為清潔和安全。」

我們相信，在提姆・庫克的領導下，蘋果將為我們奉獻一個比一個偉大且一個比一個安全的產品。

地球上的資源有限，我主張負責任地循環利用

　　為迎接 4 月 22 日的地球日，蘋果公司於 2014 年 4 月 21 日發佈了蘋果公司的環保宣傳片——《更美好》，該環保宣傳片由蘋果公司 CEO 提姆・庫克親自配音，將蘋果的環保成就及最新環保措施娓娓道來：

　　「更美好，一個充滿力量的表達，一個充滿力量的理想，它讓我們用心審視這個世界，迫不及待地想將它變得更美好，創新，改進，重新創造，只為讓一切變得更美好，這已深深融入了我們的 DNA 中。因為沒有周全的考慮，更美好就不可能名副其實，我們的產品、我們的價值，以及對環境、對未來更加鄭重的承諾。採用更綠色的材料，更簡潔的包裝，竭力讓我們的產品不成為垃圾掩埋場的一部分。

　　「這種改變不僅造福生靈，也造福我們的星球。於我們而言，讓世界更美好是與生俱來的本能，它正引領我們創造出超越自己所想的一切，由太陽能和風能驅動的資料中心，100％ 依靠清潔能源運轉的工廠，還有使用再生材料的新產品設計，我們所有的這些努力，都是為了減少自己對環境的影響。我們還有很長的路要走，還有很多的事要學，但從這一刻起，我們將更加全力以赴，只為世界能留下更美好的印記，只為製造能夠令他人一道為這個目標而努力的產品。」

　　同時，蘋果公司還在報紙上刊出全版廣告，廣告標題是：「我們的一些創意，希望每個公司都來抄襲一下」。儘管蘋果此舉來有調侃三星等公司對蘋果創意的抄襲行為之嫌，但提姆・庫克確實真心希望其他公司能學習蘋果在環境保護方面做出的努力和成績。

　　眾所周知，我們的地球有著豐富的自然資源，但這些自然資源並非無窮無盡。因此，提姆・庫克要求蘋果公司努力做到只取所需，盡量減少使用自然資源，側重循環利用自然資源。可喜的是，蘋果已經找到諸多創新方法，使用更多再生材料、可回收材料和基於植物的可持續材料，最大限度降低原材料對環境的影響。無論是筆記型電腦的鋁金屬，還是包裝產品使用的紙張，蘋果都非常注重所用的每種材料，且負責任地使用每一種材料。

　　「以少建多」是提姆・庫克十分推崇的一種環保理念。而在過去的十年裡，蘋果的設計師和工程師們不斷開創新的方式，用更少的材料打造蘋果的產品。比如，Unibody 一體成型構造等創新製造技術，使 iPad、MacBook Pro 和 MacBook Air 等產品變得更纖薄，同時更堅韌。與上一代設計相比，全新 Mac Pro 的鋁金屬和鋼材料用量減少了 74%；而全新 iMac 使用的材料也比第一代產品減少 68% 之多。這些都是蘋果「以少建多」的實證。

　　「為持久耐用而設計」也是提姆・庫克堅持的一個環保原則。在提姆・庫克看來，更小、更輕的產品對環境的影響更小，但有時環境因素對它們的影響卻絲毫不小。所以，從蘋果最大的顯示幕，到蘋果最小的線纜，提姆・庫克都要求每個設計都力求持久耐用。為了確保產品的耐用性，蘋果會在庫比蒂諾總部的可靠性

實驗室中進行產品測試。

　　提姆·庫克認為，在經濟有限的條件下，蘋果使用者無須購買新設備，一樣可以享受全新體驗，因為蘋果讓新版 APP、軟體和整個作業系統的更新更加容易，比如 2007 年以後生產的 Mac 電腦均可運行 OS X Mavericks。蘋果筆記型電腦的內置電池可使用長達 5 年的時間，它可以為蘋果用戶節省購買新電池的花費，產生較少的廢棄物，還能延長筆記型電腦的使用壽命。當蘋果產品的所有者將其設備轉讓給親朋好友，他們也是在節省資源。在提姆·庫克看來，「有時，好產品的標準不在於你售出了多少，而在於它被使用了多少。」

　　對資源的循環利用，更是蘋果環保舉措的重中之重。提姆·庫克深知，如果處理不當，電子廢棄物就會變成一個嚴重的健康和環境問題。這些廢棄物被胡亂丟棄在各個國家，而危險的回收技術會使得這些設備釋放出危害人類和環境的有毒物質。為了避免不當回收電子廢棄物引發的危害，蘋果一直致力於幫助人們負責任地循環利用產品，即全球每個蘋果零售店都免費回收蘋果產品，並以負責任的方式循環利用：舊設備會被拆解，可重複使用的重要元件會被取出；玻璃和金屬經過再加工可用於生產新產品；大部分的塑膠材質經過粒化處理成為二級原材料。透過材料再加工和元件重新利用，蘋果往往實現佔原始產品比重 90% 的回收率。

　　此外，蘋果還推行了循環利用計畫，已經遍及 95% 的產品銷售國家或地區的城市。1994 年以來，蘋果已回收了重量超過 4.21 億磅的電子設備，使它們免於進入掩埋場。在那些沒有正規回收計畫或沒有產品放置及提取地點的地區，蘋果安排對電子產品進

行取件、運輸及無害環境回收。在這些項目與活動中,蘋果不只是回收自己的產品,還收集其他的電子產品。事實上,蘋果回收的材料中,超過 90% 來自其他產品而不是蘋果自己的產品。

2010 年,蘋果還為全球循環利用率制定了一個目標,那就是力爭回收達到 7 年前所售產品總重量的 70% 之數。從那時起,蘋果始終保持 85% 的回收率,而業內其他公司公佈的資料均在 20% 以下。為了建立循環性更好的經濟體系,讓材料得以轉化而不是浪費,蘋果正努力尋找新的循環利用技術,以幫助蘋果回收更多材料,提高資源效率。

水作為世界上最寶貴的自然資源,自然也在提姆・庫克為蘋果設定的資源循環利用規劃之中。蘋果一直努力在自己以及蘋果供應商的設施中尋找有效方法,減少製造、製冷、景觀和衛生用水。比如,蘋果在北卡羅萊納州梅登資料中心採用創新的製冷系統,重複用水 35 次,使得資料中心的總用水量減少了 20% 之多。在降雨量不夠穩定的城市中,蘋果安裝了先進的澆灌系統,監測當地天氣狀況和土壤水分,最終景觀用水量減少了 40% 之多。

在蘋果供應鏈內,某些製造工序的用水量會比其他環節多。為了確保蘋果的供應商能參與節約這一能源的解決方案,蘋果實行了「清潔水專案」,以協助減少用水量,促進水資源的循環利用,並防止蘋果的供應鏈內出現違法的水污染行為。

用水量較大的產品零件製造供應商,包括印刷電路板(PDB)、機身外殼、蓋板玻璃、包裝、印刷的供應商,以及某些電路板的供應商,自然成了提姆・庫克重點關注目標。在 2013 年,13 家高耗水工廠(每年用水總量超過 4100 萬立方公尺)成了蘋果「清潔

水專案」的試點工廠。

對這些成為「清潔水項目」試點的工廠，蘋果首先會針對工廠的危險化學品使用和廢物流處理繪製了完整的流程圖。接下來，蘋果會仔細分析供應商現有的再利用和循環利用計畫，還會評估整個廢水處理流程，並根據製造類型來評估流程的效率和績效表現，蘋果還要確保它與工廠的產能匹配，能夠處理所產生的加工廢水。蘋果會測量入水量和出水量，並在工廠整個處理流程中採集水樣，直至最終的排放點。當然，蘋果也會考慮當地的用水風險，在持續獲取日常生產所需時，也會考慮居民對水資源的依賴，因而盡量將對當地社區的影響降至最小。

在一番深入評估之後，蘋果會針對供應商的用水量、廢水管理、廢水處理設施營運、維護、性能和監控、雨水管理、有害廢物管理等方面進行評分，根據改進的需要提供具體的補救措施，並讓供應商與蘋果的團隊和協力廠商技術顧問合作執行。

提姆・庫克曾說：

「對我來說，這些嘗試都是為了讓世界變得更好。這是我們欠年輕一代人的，我們需要竭力解決這些問題，而不是坐視不理。」我們相信，只要所有企業都能做到循環利用地球上的自然資源，我們的世界必定會變得越來越好。

蘋果新世代 庫克王朝

第九章
給予是最好的禮物，我還能做得更多

我的個人哲學是，給予是最好的禮物。這來自約翰‧甘迺迪的
名言：「天賦之才背負的期望也更大。」我一直堅信這一點，
永遠。我認為，蘋果和蘋果的員工已經做了許多好事，他們還
能做得更多。

—— 提姆‧庫克

他們想要做什麼，然後我和他們一起去做

2011 年 9 月 8 日，剛剛上任的蘋果公司新 CEO 提姆・庫克給蘋果員工發送了這樣一封內部郵件：

「我非常高興地宣佈，我們將啟動一項慈善捐贈配對補貼項目。我們深受那些慷慨回饋社區同事的啟發，該計畫將促進個人捐助事業的進一步發展。

從今年 9 月 15 日開始，如果你向符合 501（c）（3）條款的非營利機構捐款，蘋果將給予你相應金額的補貼，每年補貼額上限為 1 萬美元。該計畫將首先針對蘋果美國全職員工實行，然後再逐步拓展到全球其他地區的蘋果員工。

無論是蘋果總部還是其他地區員工，我在此要感謝各位的辛勤工作。能夠成為蘋果團隊中的一員，我個人感到無比自豪。如果你想瞭解有關該計畫的更多資訊可以登錄蘋果人力資源網站，我是你們的朋友庫克。」

什麼是慈善捐贈配對補貼呢？它是美國企業回饋社會、樹立企業形象的重要舉措，俗稱「一比一追加匹配」。

美國各大公司一般都有「捐贈匹配」制度，任何員工向合法的慈善機構捐款，公司都將如數追加。比如，某個員工向預防控制中心捐款 100 美元，公司就跟進，也向疾病預防控制中心捐款 100 美元；如果員工捐款 10000 美元，公司也捐款 10000 美元。汶

川大地震後，美國很多企業都設立了專門的「汶川地震基金」，對員工的個人捐贈進行一比一、甚至一比二的高額追加匹配。

可見，在對待慈善的態度上，提姆・庫克確實和賈伯斯不一樣。

眾所周知，在慈善方面，賈伯斯一直很低調，甚至因此被認為一點也不重視慈善。美國《紐約時報》甚至在 2011 年 8 月 30 日發表了該報記者安德魯·羅斯·索爾金的文章——《史蒂夫·賈伯斯慈善之謎》，文章以指責的口吻說：

「賈伯斯是天才，是創新者，是夢想家，或許也是全世界最受人愛戴的億萬富豪。但令人意外的是，他並不是一名傑出的慈善家，至少目前不是。儘管持有蘋果股票和 7.4% 的迪士尼股權，他累積了約 83 億美元的個人財富，但目前還沒有公開資料顯示賈伯斯進行過慈善捐款。他既不是『捐贈誓言』（Giving Pledge）組織的會員，也沒有向醫院或學術機構捐助以他名字命名的建築。」

在大眾眼中，賈伯斯是一個零捐款、零慈善者，蘋果公司也因此被專門關注公益領域的《史丹佛社會創新評論》雜誌在 2007 年評為「全美最不仁慈的企業」之一。對於這些質疑，賈伯斯從來都不回應。

直到賈伯斯去世後，賈伯斯的遺孀勞倫·鮑威爾·賈伯斯才在接受《紐約時報》採訪時表示，賈伯斯其實一直在默默地進行慈善活動，已經做了整整 20 年。賈伯斯不喜歡公開討論這些捐款，就像勞倫說的那樣：

「對於別人所做的偉大的工作，我們會非常注意盡量突出他們的事蹟，但是我們不喜歡附上自己的名字。我們真的非常希望

自己能夠盡可能地幫助別人，但我們不喜歡那種留名的方式。」

和賈伯斯不同，提姆・庫克認為要擴大蘋果公司的影響力，首先就要替蘋果公司去掉「全美最不仁慈的企業」的標籤。因此，在掌舵蘋果之初，他就效仿其他企業設立了一個慈善項目——只要員工捐出一定金額的慈善捐款，蘋果也會捐出同樣的金額。不僅如此，他還提高了蘋果自身的捐款額。此外，提姆・庫克還表示，未來蘋果員工如果給慈善組織做義工，蘋果將會按照每小時25美元的標準，為慈善組織捐款。

提姆・庫克之所以會做出這個決定，是因為美國前總統約翰·甘迺迪一句名言：「越多付出，越多期待。」

他說：「我一直堅信這句話，一直如此。我認為，蘋果和蘋果員工已經做了很多好事，還可以做更多好事。我們採取的措施之一就是與員工的慈善捐款相匹配，員工們可以選擇自己想要給予的對象。所以，這並不是公司委員會做出的決定，而是我們8萬員工的決定，他們決定做什麼，然後我們與他們配合。」

對於提姆・庫克的這一決定，慈善組織自然十分支持。在蘋果公司的慈善捐贈配對補貼專案啟動後，美國本地的一些慈善組織就表示，蘋果員工在慈善方面變得更加積極，無論是在捐款還是在義工方面，蘋果員工更加慷慨。比如，舊金山愛滋病基金會相關負責人就表示，依靠蘋果的幫助，他們增加了社區內提供的慈善計畫和服務規模。

2014年10月2日，提姆・庫克又宣佈：蘋果公司為每一名員工捐款配套捐助的計畫，將從美國、英國、加拿大、澳大利亞、新加坡和愛爾蘭等國的少數國家，拓展到包括中國在內等只要有蘋

果業務存在的國家。2015 年年初，這一計畫將推廣到蘋果有業務的絕大部分市場。蘋果也將為員工做慈善義工自動增加捐款。截至 2014 年 10 月，蘋果公司員工捐款額度為 2500 萬美元，蘋果公司配捐 2500 萬美元，這一計畫的捐款總額為 5000 萬美元。

業內人士分析認為，蘋果這樣的科技公司面向員工的捐款進行配捐，這不僅可以改善蘋果在美國本地的企業形象，同時可以增強員工的忠誠度。按照蘋果公司的這項補貼計畫，公司員工在相關機構捐贈之後，不但能夠按照美國法律規定抵償個人所得稅款，而且還能額外獲得公司的補貼，外加做慈善的美名，可以說是一舉三得。

可以說，在未來的趨勢下，企業的慈善捐款行為，將不再是一個成本中心，而是一個增加價值的中心。或許，正是因為明白這一點，提姆‧庫克才加大了蘋果公司在慈善方面的力度。

企業管理者對待員工和人才大多有兩種錯誤的看法。一種是把人看成「經濟人」，過分強調物質刺激，並且這種刺激的目的是追求企業的經濟效益。另一種是把人看成機器一樣的工具，不重視人的精神生活。

現代企業的性質、規模、環境和企業的組織形式不同，這就決定了企業的員工並不是封閉的、固定不變的，恰恰相反，他們是複雜的、開放的、動態的。隨著時代的發展和企業人員逐漸複雜、流動的變化，企業管理者必須要及時改變自己的觀點和看法，確立以人為中心的管理思想：人是最寶貴的資源與財富；要關注人的個性需求與精神健康；要更多依靠員工的自我指導與自我控制等。這種管理思想更加重視人的作用，重視人的發展與精神生

活的品質。所以被稱之為「人本管理」。

人本管理以人的完善為根本目的，這是人本管理模式的最本質的特徵。其他管理模式皆以追求企業利潤為根本目的，在追求企業利潤的過程中雖也採取諸多利於人完善的措施，但其目的不是為人，而是為獲取更多的利潤。而人本管理模式雖也追求企業利潤，且爭取利潤的最大化，但這只是一個手段或一種途徑，其根本目的是利用利潤來為完善全體職工的「人性」創造條件。

人本管理中有一項重要內容就是情感管理工程。情感管理是透過情感的雙向交流和溝通實現有效的管理，進而激勵員工。情感管理注重人的內心世界，根據情感的可塑性、傾向性和穩定性等特徵進行管理，其核心是激發員工的積極性，消除員工的消極情緒。

情感是影響人們行為最直接的因素之一，任何人都有渴求各種情緒的需求，這就需要我們的企業領導人敢於說真話、動真情、辦實事，關心員工的文化生活和心理健康，要大力開展社會公德、職業道德和家庭美德教育，幫助員工建立起正常、良好、健康的人際關係，以便在公司內部營造出一種互相信任、互相關心、互相體諒、互相支持、互敬互愛、團結融洽的團隊氛圍，才能為企業創造更大的成績。

我的個人哲學是：給予是最好的禮物

2014 年夏天，一個名為「ALS 冰桶挑戰賽」的慈善活動風靡全球。ALS 冰桶挑戰賽的英文全稱是 ALS Ice Bucket Challenge，簡稱冰桶挑戰賽或冰桶挑戰，是由前波士頓大學棒球運動員皮特·弗雷茲發起，旨在喚起公眾對於（ALS）的關注。

活動要求參與者在網路上發佈自己被冰水澆遍全身的視頻內容，然後該參與者便可以指定三個人也來參與這一活動。被邀請者要嘛在 24 小時內接受挑戰，要嘛就選擇為對抗「肌萎縮性脊髓側索硬化症」捐出 100 美元。

那什麼是肌萎縮性脊髓側索硬化症呢？肌萎縮性脊髓側索硬化症（Amyotrophic lateral sclerosis，簡稱 ALS）又稱葛雷克氏症，俗稱為漸凍人症，是一個漸進和致命的神經元退化性疾病。該病的病因是中樞神經系統內控制骨骼肌的運動神經元退化。ALS 病人由於上、下運動神經元都退化和死亡並停止傳送訊息到肌肉，在不能運作的情況下，肌肉逐漸衰弱、萎縮，直至大腦完全喪失控制隨意運動的能力，但並不會像老年失智症一樣影響病人的心理運作。著名物理學家史蒂芬·霍金就是 ALS 患者。

ALS 冰桶挑戰在短短兩週內已經風靡全美國，美國科技圈大老紛紛加入這項挑戰，身為蘋果公司 CEO 的提姆·庫克自然也不例外。因此，當蘋果市場行銷高級副總裁菲爾·席勒向提姆·

庫克下了「冰桶挑戰書」後，提姆‧庫克很快就在隨後例行的蘋果公司每週啤酒狂歡節上接受了冰桶挑戰，並指定了 3 位挑戰者：蘋果董事會成員羅伯特‧艾格爾、音樂家邁克爾‧弗蘭蒂和 Beats 聯合創始人 Dr.Dre。

提姆‧庫克願意參加冰桶挑戰的活動，不光是為了在員工面前樹立榜樣，更是為了 ALS 社團籌備善款，幫助那些患有肌萎縮性脊髓側索硬化症的人。

在 2014 年的夏天，「ALS 冰桶挑戰賽」這個用娛樂來籌集善款的活動，極大地刺激了民眾慈善捐款的熱情。根據美國 ALS 協會官網發佈的消息，從 7 月 29 日到 8 月 20 日，「冰桶挑戰」為 ALS 協會增加了 637527 個捐贈者，連同之前的捐贈者，一共為協會帶來 3150 萬美元的捐款，遠超過去年同期的 190 萬美元。

提姆‧庫克很高興自己能為這場 ALS 慈善捐款活動添上一磚一瓦。

當然，這不是提姆‧庫克第一次親身參與慈善活動。儘管提姆‧庫克每天十分忙碌，但是只要能為慈善盡一份力，他還是很樂意奉獻自己的時間。

2013 年 5 月 14 日，美國慈善拍賣網站 CharityBuzz 上與蘋果公司 CEO 提姆‧庫克一同喝咖啡機會的拍賣結束，最終成交價格為 61 萬美元，獲勝者可以在蘋果公司總部與庫克會面 30 至 60 分鐘，時間由雙方協商確定。本次拍賣所得款項將捐贈給羅伯特F. 甘迺迪正義中心和人權維護中心，其目標是「與人權領袖合作共創公正與和平的世界，傳播社會公正和推進企業社會責任」。

2014 年 4 月 25 日，美國慈善拍賣網站 CharityBuzz 再次推出了

與蘋果 CEO 提姆·庫克在加利福尼亞州蘋果總部共進 1 小時午餐的機會，當然，午餐費用由提姆·庫克負責。這場慈善拍賣在 2014 年 5 月 13 日競價結束，最終成交價超過 33 萬美元。這次拍賣所得的款項依舊將全部捐給羅伯特·F. 甘迺迪正義中心和人權維護中心。

提姆·庫克曾說：「我的個人哲學是，給予是最好的禮物。」提姆·庫克對於慈善的熱衷，或許是因為他曾與死亡擦身而過。那是在 1996 年，提姆·庫克被告知患有多發性硬化症，它是一種中樞神經脫髓鞘疾病，可引起各種症狀，包括感覺改變、視覺障礙、肌肉無力、憂鬱、協調與講話困難、嚴重的疲勞、認知障礙、平衡障礙、發燒和疼痛等，嚴重者可以導致活動性障礙和殘疾。而且，這種疾病很難治癒，還容易復發。

這個消息對於當時才 36 歲的提姆·庫克來說，真不啻一張死亡通知書，痛苦和絕望瞬間淹沒了他。值得慶幸的是，後來醫生發現這是一次誤診，然而這種從鬼門關走了一圈又回來的經歷，讓提姆·庫克的人生觀發生了很大的變化，用他在 1999 年發表在奧本大學校友雜誌的一篇文章裡的話來說，就是：「這使得你看世界的眼光都變了。」那次經歷讓他變得更加注重健康問題，變得熱衷於慈善，經常參加與多發性硬化症等疾病有關的募捐活動。

當提姆·庫克成為蘋果 CEO 後，他發現自己有更大的能力去為慈善做點什麼。他希望把「給予是最好的禮物」這個觀念傳遞給更多的人，而他首先傳遞的對象，就是蘋果的員工和蘋果的用戶。於是，他在接任蘋果公司 CEO 這個職位後，就宣佈啟動一

項慈善捐贈配對補貼項目，鼓勵蘋果員工更多地去做慈善。

提姆‧庫克還在蘋果的產品和服務中多次舉辦慈善活動，目的就在於鼓勵蘋果使用者為慈善捐款。蘋果曾多次在 iTunes 平臺上開啟捐款活動，針對的都是重大的自然災害，比如 2010 年的海地地震、2011 年的日本地震和海嘯，以及 2012 年的菲律賓「海燕」颱風等。蘋果用戶可以透過 iTunes 選擇 5、10、25、50、100、200 美元的數字進行捐款。

2014 年 10 月 1 日，蘋果再次透過 iTunes 開啟了一項新的捐款系統，使用者可以透過 iOS、Mac 以及 Windows 設備為「希望之城」（City of Hope）進行捐款。「希望之城」是一家可以提供研究和醫療設備的知名慈善機構，專攻領域為癌症和糖尿病，其中涉及的癌症多達 41 種。蘋果的這次捐款活動貫穿整個 10 月份，其主要關注對象就是乳腺癌，呼籲群眾提高對這一種病症的關注。這是蘋果首次為非自然災害透過 iTunes 接受捐款。

2014 年 11 月 24 日，為了迎接 12 月 1 日的「世界愛滋病日」，協助對抗在非洲等國肆虐的愛滋病等疾病，蘋果 APP Store 又開始舉辦「APPs for Red」的活動，將蘋果開發的 GarageBand 音樂製作應用的銷售額捐贈給慈善機構 RED，用來防治愛滋病、肺結核及瘧疾。蘋果同時還邀請了《龍族拼圖》《紀念碑谷》《憤怒鳥》《神偷奶爸：奔跑小兵》等熱門遊戲應用一同參與。

對此，提姆‧庫克表示：「蘋果是 RED 的驕傲支持者，因為我們相信，生命是每個人一生中最重要的禮物，八年以來，我們的用戶一直在為非洲抗擊愛滋病做出貢獻，他們的善款拯救了生命，帶來了極大的正能量。今年我們發起有史以來最大規模的籌

款行動，線上線下零售店都將共同參與，而 iTunes 應用商店裡的明星們也加入這一慈善行動。」

此外，蘋果公司還透過 RED 慈善組織銷售部分紅色版本的 iPod Shuffle、iPod nano、iPod touch、iPad Smart Cover 以及 iPhone 5S 皮質保護殼等產品，這些產品的利潤部分也將全數捐給該慈善機構。

在 2014 年 12 月 1 日這一天，提姆・庫克還以蘋果公司 CEO 的身分出現在美國華盛頓的蘋果零售店裡，以表示蘋果對世界愛滋病日的支持。而當天蘋果零售店的員工們也都穿上了紅色的 T 恤，以引起人們對世界愛滋病日的重視，表示對愛滋病患者的支持，並且紀念因為愛滋病離世的人們。

有人曾說過：「人活著應該讓別人因為你活著而得到益處。」美國著名心理學家埃里希·佛洛姆認為：「在物質方面，給予意味著自己的富有。不是一個人擁有很多他就算富有，而是他給予人很多才算富有。生怕喪失什麼東西的貯藏者，如果撇開其物質財富的多少不談，從心理學角度來說，他是一個貧窮而崩潰的人。不管是誰，只要他能慷慨地給予，他就是一個富有的人。他把自己的一切給予別人，從而體驗到自己生活的意義和樂趣。只有那種連最低生活需要也滿足不了的人，才不能從給予的行動中得到樂趣。」

然而，給予最重要的意義並不在於物質方面，而在於人性方面。一個人能給予另一個人的東西，是他自己身上存在的東西，是他自己的快樂、興趣、同情心、諒解、知識、幽默、憂愁這些東西的表現。給予本身就是一種強烈的快樂！在給予中，他不知不

覺地使別人身上的某些東西得到新生，這種新生的東西又給自己帶來了新的希望。正是一次又一次的給予，不斷帶給提姆・庫克對未來充滿新的希望。

每個人都值得被尊重，我將終生為此爭取

2014 年 10 月 30 日，提姆‧庫克在彭博《商業週刊》網站上撰文，公開出櫃，並表示為自己是同性戀而自豪。這個消息引來一片譁然，並迅速登上各大媒體頭條。值得慶幸的是，當日的蘋果股價卻並未因此受到太大的影響，截至收盤，股價微跌不到一個百分點。

對於提姆‧庫克勇敢說出自己性取向一事，媒體普遍認為：庫克宣布「出櫃」贏得廣泛讚譽，並有可能對整個世界產生重大影響。

對於庫克的坦誠，其圈內好友、同事紛紛表示其勇氣可嘉，紛紛按讚，並為其感到自豪。微軟 CEO 納德拉、美國前總統柯林頓等人也稱讚庫克公開出櫃。臉書創始人兼 CEO 祖克柏評論道：「感謝提姆向我們展示了什麼是一個真實的、勇敢並且可靠的領導者。」

其實，大多數人對於庫克是同性戀的消息並不感到驚訝，因為早在 2014 年 6 月 30 日，提姆‧庫克帶領員工參加舊金山同性戀大遊行活動時，他就已經被貼上了「同性戀」標籤，只不過到了 2014 年 10 月他本人才親口承認了這個事實。

眾所周知，蘋果公司所在的矽谷不僅是科技中心，也是全美社會自由度最高的地區之一，這裡多年以來一直在公開支持同性

戀。舊金山每年都會舉行一次同性戀遊行活動，矽谷的大型科技公司經常會參加這個活動，祖克柏（Facebook 創辦人）和提姆·庫克等企業領袖甚至會親自領導各自公司的遊行隊伍。

因為矽谷的許多大型科技公司都把「支持同性戀」當作一種品牌行銷、吸引人才的手段，參加大遊行等於就是為了向外界證明自己是自由的、平等的、包容的、創新的，是「矽谷精神」的最佳代言。

提姆·庫克一直是一個極其重視隱私的人，用他的說法是：「我出身卑微，不希望吸引注意力。蘋果已經是全球最受關注的企業之一，我喜歡專注於產品以及客戶利用這些產品所取得的非凡成就。」

然而，當他從賈伯斯手中接過了蘋果公司的執掌權，他不得不從幕後走到臺前，他的一舉一動都成為全世界目光的焦點，他的一言一行都可能對其他人形成巨大影響，他對馬丁·路德·金的那句名言——「生活中最持久而迫切的問題是，你在為他人做什麼」，有了新的感悟：「我對個人隱私的追求一直阻礙著我做更重要的事情——讓每個人都能被尊重。」

提姆·庫克曾說：「待人以尊重，待人以平等。每個人都應該具有基本的人權，不分膚色、宗教、性取向、性別，每個人都值得被尊重。我將終生為此爭取。」

身為一名同性戀，提姆·庫克自然能更深刻地理解到作為少數人的困難，自然更能明白其他少數族群每天需要面對的挑戰。在提姆·庫克看來，儘管有時候同性戀身分會讓他感到艱難和不舒適，但也給予了他自信，讓他堅定地走自己的路，勇敢地去克

服逆境和偏執。提姆・庫克很感謝「同性戀」的這個身分：「它讓我感同身受，豐富了人生。」「它還給了我一張『犀牛皮』，並在我擔任蘋果 CEO 後派上用場。」

一方面，提姆・庫克看到世界已經發生了太多變化，全世界的人們正走向婚姻平等，公眾人物勇敢地站出來幫助改變人們對同性戀的看法，讓我們的文化更具包容性。然而，另一方面，他也清楚地看到很多國家的法律依然允許雇主僅以性取向為由解雇員工，不少地方的房東可以驅逐同性戀房客，禁止同性戀看望生病的伴侶，繼承他們的遺產。

有不計其數的人，特別是孩子，因為他們的性取向而每天面對恐懼和虐待。這些不公平的事情是提姆・庫克最不希望看到的，也是他努力想要去改變的。

儘管提姆・庫克自認為不是一個同性戀活躍分子，但他卻深刻地意識到他已經從其他人所付出的犧牲中受益匪淺。因此，他覺得：「如果讓人知道蘋果 CEO 是一名同性戀，就能幫助那些迷失自己性別的人，或者為那些感到孤獨的人帶來慰藉，鼓勵人們堅持平等，那麼值得我用自己的隱私去交換。」

儘管提姆・庫克大膽地承認自己的性取向，但他還是想要保護自己的一些隱私。他認為，社會進步的表現就在於，人們不能僅以一個人的性取向、種族和性別來衡量這個人。

其實每個人都有很多身分，提姆・庫克也不例外：工程師、別人的叔叔、大自然愛好者、健身狂、美國南方人的兒子、體育迷，並且還有很多其他身分。他無比地希望人們尊重他的意願，讓他專注於自己最適合、能夠為他帶來歡樂的工作。他已經為蘋果的

工作貢獻了一生，但他還會繼續將幾乎所有可用時間投入到成為最好的 CEO 的工作裡，因為這是蘋果的員工應得的，也是蘋果的客戶、開發者、股東以及供應商合作夥伴應得的。

但在堅持人人平等的道路上，提姆・庫克也會堅定不移地前行，他說：

「我很幸運能夠領導這樣一家公司，它長期以來一直主張人權和一切平等。我們在國會強烈支持職場平等法案，就像在我們的公司所在地加州支持婚姻平等一樣。當亞利桑那州立法機構通過了針對同性戀群體的歧視性法案時，我們站出來抗議。我們將繼續為我們的價值觀而奮鬥，我相信這家偉大公司的任何 CEO，不論種族、性別或性取向，都會做出同樣的決定。我自己將繼續主張所有人一切平等。」

在他看來，懂得用做好自己的分內之事去幫助他人，就是在和其他人一起一磚一瓦地鋪設了一條通向正義的陽光之路。

也許我們平時不曾深思，當一個社會中只有得到了財富和權勢的人才能享有自由生存的主動權時，這是否也就意味著，那些還在路上的人，他們的生存權一直要受到抑制和剝削呢？而當這個社會中絕大多數人都感到自己的生存權利受到壓抑的時候，這個社會的發展怎麼健全得起來呢？

如果按照「物以稀為貴」的原則追逐尊榮的話，這個社會就一定要控制富人和權貴的數量，否則，特權和榮耀將被稀釋和淡化；但是，如果這個社會只有這一條路通往生存自由，那麼誰都無法阻擋民眾闖入的決心和腳步。

所以，如果一個社會有很多條路可以走，每一條路都是平坦

大道，都能容納成千上萬的人，以順暢的速度行進，那麼，這就是平等。「平等」的主張可以消弭人世間的不公平，事理都能平等才能帶來世界的和平。

第十章
只要自己做好準備，機會總會來的

直覺雖然能夠帶領你走進正確的那扇門，卻無法告訴你那扇門背後到底是什麼。所以，你還是要隨時做好應對一切的準備。

——提姆·庫克

比起理性，更應該相信自己的直覺

對於提姆・庫克來說，1998 年是他人生中十分重要的一年，在這一年，他做出了人生中最重要也是最正確的一個決定：加入蘋果。

從世界第一的電腦企業康柏跳槽到朝不保夕的蘋果，當時所有人都認為提姆・庫克瘋了，而導致提姆・庫克發瘋的根源，就是提姆・庫克與賈伯斯的 5 分鐘面試。正如提姆・庫克自己在 2010 年應邀參加母校奧本大學畢業典禮演講時所說的：「與賈伯斯見面不到 5 分鐘，我就將所有的顧慮都拋之腦後，決定和賈伯斯一起幹。」

在與提姆・庫克面試的 5 分鐘裡，賈伯斯到底說了什麼？所有人都在好奇答案，但直到 2014 年提姆・庫克接受美國公共電視網知名節目《查理·羅斯訪談錄》專訪時，人們才得以從提姆・庫克口中獲得一個較為詳盡的答案。

「這是一次有趣的會面。此前我已接到賈伯斯所雇用的獵頭的好幾通電話。但是，我拒絕了他，因為我當時在康柏，做得很順心。但是，他們堅持不懈地邀請我。所以我最後想，我還是去見一見賈伯斯吧。他締造了我所處的整個行業，我也很願意見到他。因此，我最終去見了賈伯斯。

「我只是想去見一見他，但是沒想到他侃侃而談地說了很多，

他談到自己的戰略和願景，他還說準備全面進入消費者市場。行業中的每個人都認為他不可能在消費者身上賺到錢，因此他們都進入了服務、存儲和企業市場。他一向覺得，隨波逐流並不是好事。這樣做的結果不是失敗就是更大的失敗。賈伯斯做的是一些與眾不同的事情。

「而且，他還跟我講了設計方面的一些事情，真正挑起了我的興趣。他所講的就是後來被稱為 iMac 的產品。他講話的方式，我和他之間的默契，讓我覺得我可以與他很好地共事。

「而且，我看到了蘋果面臨的問題，我想我可以在這裡做出一些貢獻。與他共事，可以說是我一生的榮幸。突然之間，我心裡有了一個念頭，『我要去蘋果，我要去蘋果。』這個聲音一直在我耳邊迴響，『到西部去吧，年輕人，到西部去。』我當時還很年輕。放棄現在好好的工作去蘋果也許並沒有道理。但是，我聽從了內心的聲音，最終去了蘋果。」

在與賈伯斯見面前，提姆‧庫克的思考是極其理性的：任職的公司康柏電腦是世界上最大的 PC 廠商，業績遠遠好於蘋果，而且公司總部設在德克薩斯州，更靠近奧本大學橄欖球場，從成本和效益的考量來看，提姆‧庫克沒有任何理由跳槽到風雨飄搖、朝不保夕的蘋果去。

當然，對於賈伯斯這位 PC 界的風雲人物，提姆‧庫克內心是充滿敬意的，他渴望與賈伯斯能有更深入接觸的機會，但他當時確實不太看好蘋果的未來發展。面對心中的困惑，提姆‧庫克選擇了徵求那位與自己私交甚篤的上司的意見，而上司的回答可謂直言不諱：「只有傻瓜才會從康柏跳槽去蘋果。」親朋好友得

知提姆‧庫克內心的想法，更是紛紛勸阻。

然而，在只與賈伯斯面談了五分鐘後，提姆‧庫克就心甘情願做起了親朋好友口中的「傻瓜」。儘管提姆‧庫克在人們的印象中一直貼著「理性「的標籤，但在那一刻，他的「理性」敗給了他的「直覺」，用他自己的話來說，就是：

「在決定是否去蘋果的過程中，我不得不脫離工程師的固有思維來考慮問題。工程師往往透過分析法做出抉擇，不含一點感情。在成本和效益之間必須做出抉擇時，他們會選擇對其更有利的那一個。在我們的人生道路上，偶爾依據直覺行事似乎更合適。令人感興趣的是，我發現在面臨人生最重要的抉擇時，直覺似乎是讓你做出正確選擇的最不可或缺的東西。

「在依據直覺做出重要決定時，一個人必須放棄原有的人生規劃，這種規劃或許會與最終結果有相似之處。直覺是一種在瞬間發生的事情。如果你聽從直覺，它可能會指引你走上最適合的人生道路。1998 年年初的那一天，我聽從了自己的直覺，而非我的左腦或好友的建議。我當初為何會那樣，時至今日我也沒搞明白。」

在提姆‧庫克看來，生命中最重要的事情都取決於直覺，無論是在個人生活中還是在職業生活中。「我覺得，你需要很多資訊和資料來為那種直覺做『飼料』。」他說。

蘋果創始人賈伯斯曾說：「直覺是真正發自我們內心的聲音，它代表著我們的需求。跟隨直覺行事，讓它指引我們奮鬥，必將達成我們的最終夢想。」「直覺是非常強大的，在我看來甚至比思維更強大。很多時候，基於直覺的理解和意識，比抽象思維和

邏輯分析更為重要。」

提姆‧庫克也曾建議奧本大學的畢業生們:「我的建議就是跟著你的心走,其他都會水到渠成。如果你找到了自己真愛所在,就努力地去做;如果你努力地去做,就會有一些很棒的結果。可能一段時間內看不到這個結果,但這是遲早的事情。如果你一開始做的事情感覺不對,那麼也要有勇氣做出改變。因為生命短暫。如果不喜歡這項工作的話,就應該果斷地去改變它。工作有點像遊戲。最主要是你要享受它、喜歡它。如果你一點都不喜歡這份工作,就乾脆跳槽換一份工作。」

因為相信直覺,賈伯斯獲得了成功,創造了獨一無二的蘋果;因為相信直覺,提姆‧庫克選擇了蘋果,創造出屬於自己的傳奇。

每個人都想有一個輝煌的人生,卻很少有人知道如何才能擁有一個輝煌的人生。而能否擁有輝煌的人生在很大程度上取決於是否有正確的人生方向,而個人的幸福生活也離不開這個方向的指引。

確實,確立自己的人生方向是我們一生中最值得認真去做的事情。在這方面,想要做出好的選擇,不僅需要知道「我是什麼樣的人」,更需清楚地知道「我究竟需要什麼」,搞清楚自己需要什麼,並為之去努力,才能夠確定正確的人生方向,取得人生的輝煌。

而要清楚「我究竟需要什麼」很大程度上要靠個人的直覺,透過自己內心所想,找到自己從心底喜歡的東西才能夠做到。當你真正找準方向之後,就會發現,自己的人生會大不相同,不僅更有意義,也更快樂。

　　對於年輕人來說，選擇方向尤為重要，只有這樣才能在人生的路途上越走越順。在具體的操作過程中，要向提姆‧庫克學習，勇於追隨自己的直覺，聽從內心的聲音，選擇一個自己喜歡的方向，只有這樣，我們才能夠在奮鬥的過程中獲得更多的樂趣，並發揮出自身的優勢，將我們的潛力完全釋放出來。這是一種智慧，相信你的直覺，你將擁有它！

我相信奮鬥，努力奮鬥

　　儘管提姆・庫克認為，直覺對我們做的每一件事情都具有重大影響，但他更清楚地認識到，如果沒有做好充分的準備並付諸實踐，一切都沒有任何意義。在他看來，「直覺雖然能夠帶領你走進正確的那扇門，卻無法告訴你那扇門背後到底是什麼，所以，你還是要隨時做好應對一切的準備。」

　　提姆・庫克十分喜歡亞伯拉罕・林肯說過的一句話：「我將開始準備，有一天我的機會就會來到。」在他的人生中，他始終堅信這一點。而且正是這個基本信念，指引他去到奧本大學學習工業工程，指引他到杜克大學學習商業，指引他進入蘋果，指引他成為蘋果 CEO，指引他接受如此多的工作和任務。

　　在提姆・庫克看來，商業和體育一樣，成功還是失敗往往在比賽開始以前就已注定。「我們無法掌控機遇何時降臨，但我們可以做好充分的準備。」他說。和現在的大學生擔憂「一畢業即失業」一樣，提姆・庫克在大學畢業時也對未來充滿擔憂。他坦言：「我在1982年走出校門時有同樣的擔心。在座的家長或許會記得，當時的經濟狀況與今天極為相似，失業率達到兩位數，華爾街金融體系雖未崩潰，但美國的確遭遇了債務危機。我與我的許多同學一樣，對前途未卜感到惶恐不安。」

　　但亞伯拉罕·林肯的那句話一直激勵著提姆・庫克，幫他一步

步走到了蘋果 CEO 的位置。提姆・庫克曾說:「就我而言,人生旅途是完全不可預測的,這可以引用林肯的那句話:『我所能做的也只有做好準備了。』世界會不斷改變,環境會不斷改變,你所工作的公司也會興衰起伏,你最終可能在同一家公司,也可能不是這樣,你最終可能從事同一項職業,也可能不是這樣,你最終可能和你現在的伴侶結婚,也可能不是這樣,你生命中有很多事情,我但願這一點不會變,不過很多事情都會變,我想,你需要有一顆『北極星』,始終朝『北極星』的方向邁進,然後讓這些東西自然圍繞到你身邊,從而尋找你的人生旅途!」

在提姆・庫克看來,他人生中的「北極星」,其實就是奧本大學的校訓:「我相信奮鬥,努力奮鬥。」

在蘋果公司員工的眼裡,提姆・庫克是個十足的工作狂,他每天凌晨 4 點半給下屬發送郵件分配工作,全球性電話會議更是隨時都會召開,而且他幾乎每天都是第一個到公司,最後一個離開公司。多年來,提姆・庫克都堅持星期天晚上跟下屬開電話會議,為星期一更多的會議做準備。此外,提姆・庫克還常常投入大量時間和精力關注細節,用一位與他共事者的話說就是:「他不僅清楚自己做的每一件事,也很清楚你做的每一件事。」

在談到自己在蘋果所取得的成就時,提姆・庫克總會提到「努力奮鬥」這個詞。他曾說:「我非常幸運,能夠透過當年的一次直覺的選擇,進入到這樣優秀的一家公司工作。然而,我現在所擁有的一切並不是直覺帶給我的,而是努力奮鬥的結果。」

在提姆・庫克看來,蘋果公司在創新方面所取得的成果,也是基於大家的不懈努力。因此,提姆・庫克不僅希望自己做到「努

力奮鬥」，也希望他身邊的人做到這一點。在一次開會時，他談到亞洲存在的某個問題：「這太糟了。應該有人到中國推動這個問題。」會議進行 30 分鐘後，他看見他的得力助手薩比赫·卡恩還在身邊，突然面無表情地問：「你怎麼還在這裡？」薩比赫·卡恩不得不馬上起身，連衣服都沒有換就開車直奔機場，訂票飛往中國。

每個人都有夢想，每個人的夢想都是美好的，但是再美好的夢想如果不付諸行動，不去努力奮鬥，只想著不勞而獲，那夢想就只能是夢想，永遠不可能變為現實。

多年以前，美國有一家報紙刊登了一則園藝所重金徵求純白金盞花的啟事，在當地一時引起轟動。高額的獎金讓許多人趨之若鶩，但在千姿百態的自然界中，金盞花除了金色的就是棕色的，能培植出白色的，並不是一件易事。所以許多人一陣熱血沸騰之後，就把那則啟事拋到九霄雲外去了。

一晃就是 20 年，一天，那家園藝所意外地收到了一封熱情的應徵信和一粒純白金盞花的種子。當天，這件事就不脛而走，引起巨大反響。

寄種子的原來是一個年已古稀的老婦人。老婦人是一個道道地地的愛花人，當她 20 年前偶然看到那則啟事後，便怦然心動。她不顧八個兒女的一致反對，義無反顧地做了下去。她撒下了一些最普通的種子，精心照顧。一年之後，金盞花開了，她從那些金色的、棕色的花中挑選了一朵顏色最淡的，任其自然枯萎，以取得最好的種子。次年，她又把它種下去。然後，再從這些花中挑選出顏色更淡的花的種子栽種⋯⋯年復一年。

　　終於，20年後的一天，她在那片花園中看到一朵金盞花，它不是近乎白色，也並非類似白色，而是如銀似雪的白。一個連專家都解決不了的問題，在一個不懂遺傳學的老婦人手中迎刃而解，這是奇蹟嗎？這當然不是奇蹟，而是一個老婦人努力奮鬥的結果。

　　著名美學家朱光潛說：「人生本來就是一種較廣義的藝術。每個人的生命史就是他自己的作品。這種作品可以是藝術的，也可以不是藝術的，正猶如同是一種頑石，這個人能把它雕成一座偉大的雕像，而另一個人卻不能使它『成器』，分別全在性分與修養。知道生活的人就是藝術家，他的生活就是藝術作品。」而一個人良好的「性分與修養」，是要透過自己的努力奮鬥才能獲得的。

　　當我們看到一個名人的成功時，都不禁會起羨慕之心，但是他們事業的成功，沒有不是經過奮鬥而來，就連一般人普通的生活，也是從奮鬥中得來。

　　日本著名實業家稻盛和夫先生認為，人生是一個奮鬥的過程，我們生活一天，就得奮鬥一天。生活一分鐘、一秒鐘，就得要奮鬥一分鐘、一秒鐘，奮鬥使人生更多彩，同時也能夠鍛造出一個人的高尚人格。如果你羨慕提姆・庫克的成功，那麼你就要牢記他的人生格言：「我相信奮鬥，努力奮鬥」，做到每一分鐘每一秒都努力奮鬥，你就能收穫屬於你的成功。

把事情做好，你自然而然就收穫金錢了

2012 年 4 月，高管薪酬資訊服務公司 Equilar 在對美國一些年營收均超過 50 億美元的上市公司高管的收入（包括基本年薪、現金獎金、額外收入、股票獎勵和期權獎勵）進行調查後，發佈了一份資料報告，報告顯示，蘋果 CEO 提姆・庫克是 2011 年美國薪酬最高的 CEO，總薪酬達 3.78 億美元，較 2010 年增長 2%。排名第二的則是甲骨文 CEO 拉里埃里森，其薪酬總額為 7760 萬美元。排名第三的是傑西潘尼 CEO 羅奈爾得·詹森，其薪酬總額為 5330 萬美元。

提姆・庫克的這 3.7798 億美元的薪資當然不是薪水，而是包括薪水、額外收入、獎金和一次性股票獎勵在內的所有收入，其中股票獎勵總額就高達 3.7618 億美元，但解禁時間為未來 10 年：一半股票的解禁時間為 2016 年，另一半解禁時間為 2021 年。因此，扣除股票獎勵，提姆・庫克在 2011 年 12 個月的收入，算上薪水、各種津貼獎金，實際為 180 萬美元。

不過，到了 2012 年，根據蘋果在 2012 年 12 月 28 日提交給監管機構的文件顯示，提姆・庫克當年的總酬薪為 417 萬美元（包括 136 萬美元的薪水和 280 萬美元激勵計畫的酬金，沒有股票獎勵），比 2011 年的 3.78 億美元大幅下降了 99%。

到了 2013 年，提姆・庫克的年薪（薪金和獎金部分）為 430

萬美元,另還獲得了蘋果授予的價值 6960 萬美元的公司股權,兩項收入合計達 7390 萬美元,儘管不敵 Facebook 創始人兼 CEO 祖克柏冠絕群雄的 39 億多美元(祖克柏在 2013 年年薪僅為 1 美元,但其獲得的股權收益高達 39 億美元),但提姆·庫克仍以 140 萬美元的年薪高居科技企業 CEO 薪資榜榜首,讓其他職業經理人望塵莫及。

許多人驚訝提姆·庫克每年的薪資收入起伏如此之大,但提姆·庫克對這些並不在乎。他曾在一次媒體採訪中談到過自己的財富觀,他說:「錢對於我來說,永遠是結果,而不是動機;金錢永遠不是我早起的理由,永遠不是;把事情做好,你自然而然就收穫金錢了。賈伯斯也知道這個道理,所以他不強調財富,從沒見過他做哪個決定是為了個人財富。」

在 2014 年 10 月 23 日出席清華大學經管學院顧問委員會會議,並與清華大學經管學院院長錢穎一展開了「巔峰對話」時,提姆·庫克也再次談及了他的財富觀:

「人如果不在乎錢,就會有一種聖潔感、純潔感。在你考慮問題的時候,你就不會受到錢的影響,就能夠思考出一種非常深刻的思想。

「對於 MBA 的一些學生來說,有些學校過多地強調金錢。對我來說,金錢是一個結果,而不是拿它當宗旨。金錢不應該成為你做事的動力,你不應該只想著要賺錢,所以早上逼迫著自己起床。當時我工作的那家公司太在意錢了,所以,當時蘋果邀請我過去的時候,我就欣然接受了。

「當我見到賈伯斯,發現他對錢並不是很在意,我就非常欣

賞他這種態度。我認識他這麼多年，從來沒有看到他在做決定的時候，是關於個人財富的決定。這從來不是他關注的重點。因為他做出了如此卓越的產品，當然他也變得非常有錢。但這只是一個副產品，是一個水到渠成的結果。所以希望學生們能夠學到這一點。」

因為提姆‧庫克不看重金錢，所以他一直都很節儉。在蘋果員工眼裡，提姆‧庫克也是一個「極其節儉」的人。儘管提姆‧庫克透過多次交易拋售蘋果股票套現：2012 年 3 月 12 日出售 20178 股蘋果公司股票，套現 1110 萬美元；2012 年 3 月 26 日出售 106640 股蘋果股票，套現 6400 萬美元。2014 年 9 月出售了 348425 股，套現 3525 萬美元，但提姆‧庫克在 2010 年以前一直是在帕羅奧圖地區離賈伯斯住處不遠的地方租了一間普通的房子居住，這間房子甚至連空調都沒有安裝。2010 年，提姆‧庫克終於在他原來租住房子的區域買了一棟房子，花費 190 萬美元，在當地只能算普通房產。

有人曾問他為什麼要住在這麼簡樸的房子裡，提姆‧庫克的回答是：「我希望我因自己所從事的職業而被記住，讓我置身於樸素的房子中，可以幫助實現這點。金錢不是我前進的動力。」

當蘋果即將發佈 iMovie 時，賈伯斯要求所有高管錄製家庭視頻以測試軟體，而庫克的影片是關於在帕羅奧圖找房子，體現的是 20 世紀 90 年代後期房地產的高價。他的第一輛跑車是二手的保時捷 Boxter；他每兩年才會為自己添置新的內衣褲，而且還是在諾德斯特龍時尚百貨打折時期購買的；他一整天都吃蛋白營養棒，也吃一些雞肉或公尺飯這樣簡單的食物，這些都充分說明生

活中的提姆‧庫克是一個十分節儉的人。

提姆‧庫克認為，節儉讓生活變得簡單，這樣他就有更多時間投入到他最愛的事業中去。正如他自己所說的：「我熱愛這家公司，蘋果是我生命中重要的組成部分。或許有人會說，蘋果是我生命的全部，但我只會說是重要的組成部分。你知道，我不僅愛這家公司，而且也覺得自己負有責任。我認為，這家公司就像是一件無價之寶，它是世界上最令人難以置信的公司。因此，我想要投入全部努力，盡我所能地去做所有的事情，從而確保它能發揮自己的最大潛力。」

在提姆‧庫克看來，很多公司高管常犯的錯是有時候過多強調金錢，金錢是結果，而不是動力。一個公司的領導人不能因為想要賺錢，早晨才早早起床，時刻關注產品和使用者，才是最重要的。

很多人都知道，看一個人是否富有，就要估測他的身價。錢越多，他就越富有。那麼，富有就是真富貴了嗎？李嘉誠為我們做了這樣一個方程式：財富＋心貴＝富貴。他說：「財富不是單單用金錢來比擬的。衡量財富就是我所講的，內心的富貴才是財富。如果讓我講一句，『富貴』兩個字，它們不是連在一起的，這句話可能得罪了人，但是，其實有不少人，『富』而不『貴』。真正的『富貴』，是作為社會的一分子，能用你的金錢，讓這個社會更好、更進步、更多的人受到關懷。所以我就這樣想，你的貴是從你的行為而來。」

或許有人會問：那麼企業家的真正財富究竟是什麼呢？

一個有關洛克菲勒的故事詮釋了一切：洛克菲勒自小生活貧

寒，甚至撿過破爛，後來靠石油投資立業致富。鼎盛時期，他的財富曾經達到美國國民財富的 1/47；20 世紀初美國經濟大蕭條時期，聯邦政府曾經向他借過錢。

但他並沒有因巨富而改變自己的平民生活本色：在出差與旅行中，他總是選擇坐飛機的經濟艙、住一般旅館，而他的兒子則選擇了坐頭等艙、住豪華旅館。這種反差讓人奇怪，有人問他這是為什麼，他的回答是：「因為他的父親是個富人，而我的父親是個窮人。」

企業家的真正財富並不是貨幣累積，而是企業家精神！

企業家的真正財富，絕不是表面的金錢化的貨幣累積，而是由其信念、道德、品質、態度、方法及其實踐共同形成的內在企業家精神！正是憑藉自己的企業家精神，很多企業家儘管出身貧寒、可能受正規教育也不多、創業資本多數有限，但他們善於識別機會、敢於實踐、大膽挑戰、百折不撓、不斷實踐，從而成就了日後的事業，創造了財富，也贏得了財富。

不被外界言論左右，只聽有智慧人的話

2014 年 10 月 23 日，提姆・庫克出席了清華大學經管學院顧問委員會會議，並與清華大學經管學院院長錢穎一展開了「巔峰對話」。

席間，錢穎一向提姆・庫克拋出了這樣一個問題：「你這輩子收到的最好的建議是什麼？」

提姆・庫克的回答是：

「我最好的建議來自賈伯斯。賈伯斯讓我接管蘋果 CEO 的時候，我當時說自己擔當不了。而賈伯斯又一次講了他的故事，然後對我說：保持專注，不要想如果是賈伯斯他會怎麼做。很多人會說，如果賈伯斯在世的話，他肯定不會如何如何……這些評論永遠不會影響到我。

「不管你做什麼，異議總會存在，噪音太多，你要聽從內心。別人的異議或許有道理，但對你來說沒任何好處。對於那些沒意義的雜訊，我選擇遮住它們。

「我知道賈伯斯對我的信任和看重，並強調現代世界有很多不可能，如果你覺得自己應該成為一個 CEO，就不要被外界言論所左右。不被外界言論左右，不是避而不聽，而是只聽一小部分人的話，要聽有智慧人的話。

「賈伯斯說過擁有多元化的員工組合很重要，隨之而來的就

會有不同的意見。我也會聽有意見的人的想法，但不會聽那些只會喊叫說些廢話的人。」

在提姆‧庫克看來，無論有多少人批評他「臉皮厚」，他還是堅持認為每個 CEO 都需要有盯住非議的力量，因為一個人如果太過敏感，耳根太軟，是當不了 CEO，更當不好 CEO 的。

「社交媒體上有太多噪音，你需要去堅持你的決定。批評別人更容易、更簡單，但是告訴你該怎麼做的人卻很少。那些在電視上，社交媒體上夸夸其談的批評者很多，你聽到這些噪音的時候，千萬不要去管。要進入禪定的狀態，不要去受影響。」他說。

2013 年，蘋果的股價下跌了，有人說蘋果下跌了 10%。對於這種消息，提姆‧庫克都會查查資料來確定其可信度。如果蘋果的股價真的下跌了，比如像 2008 年，蘋果那一年下跌了 50% 左右；2009 年年初，蘋果的股價跌到了 75 美元，提姆‧庫克才會捫心自問：「我們是在做正確的事情嗎？」「這才是我的重點，而不是讓別人或市場左右我應有的感受，否則就會讓你感覺自負或自責，這都是不應有的感覺。」這就是提姆‧庫克看待股價的方式，他不會因為股價感到失落，因為他堅信自己能帶領蘋果公司走好未來的路。

人們過於迷信他人的看法，反而失去了自己。其實，每個人的判斷都像我們自己的鐘錶，沒有一支走得完全一樣，有時一味聽從他人的意見，便會永遠不知道時間，應該相信自己的判斷。

豐子愷先生說過這樣一段話：「有一回我畫一個人牽兩隻羊，畫了兩根繩子。有一位先生教我：『繩子只要畫一根。牽了一隻羊，後面的都會跟來。』我恍悟自己閱歷太少，後來留心觀察，看

見果然如此：前頭牽了一隻羊，後面數十隻羊都會跟去。就算走向屠宰場，也沒有一隻羊肯離群而另覓生路的。後來看見鴨也如此。趕鴨的人把數百隻鴨趕放在河裡，不需用繩子綁住，群鴨自能互相追隨，聚在一塊。上岸的時候，趕鴨的人只要趕上一兩隻，其餘的就會跟了上岸。即使在四通八達的港口，也沒有一隻鴨肯離群而走自己的路的。」

豐子愷先生的這段話其實深刻地觸及了做人的一個原則：跟著別人後面走，下場也和別人一樣。對於每一個人來說，凡事要有自己的主見，要學會自己拿主意，堅定自己的立場，相信自己的力量，不要因為他人的評價而放棄自己內心的想法，不做別人毀譽的「奴隸」。字畫皆人生，疏淡之間，意趣橫生，細細思量，的確有一條隱在塵世中的繩索，牽著在生活中迷亂的人們。

孔子曾說：「吾之於人也，誰毀誰譽？如有所譽者，其有所試矣。斯民也！三代之所以直道而行也。」孔子對於人，從不妄下斷語，不因為別人一說好壞就下定論。這句話還可以從另一個方面理解：有人攻訐，有人恭維也都是正常的事，特別是功成名就之時，身後的譭謗也就隨之而來，且會越來越多。這個時候最好的辦法就是不要去管。任何毀譽都是有原因的，或在己或在人，聽話的人心中清楚就可以了。

孔子還說「三代之所以直道而行也」，意思是說，毀譽不動搖在於行得正，走得直。所以當全世界的人都在恭維的時候，不要動心。當全世界的人都在譭謗的時候，不要沮喪，這是一種大丈夫的氣概，無論是對個人修養的增進，還是在與人交往的過程中都十分重要。儘管我們不知道提姆‧庫克有沒有看過論語，但他

堅持的「不被外界言論左右，只聽有智慧人的話」卻很好地證明了孔子的這個觀點。

附錄：提姆 · 庫克談話錄

◈2010年5月14日奧本大學畢業典禮上的演講

　　謝謝大家的熱情邀請，謝謝維吉妮亞把我介紹得那麼完美。我剛才還以為她是在介紹別人呢。今天能在這裡見到大家，我感到非常榮幸，我很高興能回到這個對我來說像家一樣的地方，回到這個曾帶給我無數美好回憶的地方。奧本大學對我以前的人生產生了巨大影響，現在也一樣。如果你去過我在庫比蒂諾的辦公室或者我在帕羅奧圖的家，就能立即發現這一點。我保存了很多奧本大學的紀念物，當然你可能會想那是從書店裡買的電影 DVD《加州前哨》。

　　站在你們面前，我內心十分激動，我知道發生在我們岸邊的那場災難（2010年墨西哥灣漏油事件），相信它曾給在座許多人的生活甚至是我們全州及以外地區帶來過嚴重衝擊。我是在墨西哥灣長大的，我的家人到現在也還生活在那裡，我的心情與你們是一樣的，我希望大家能早日度過難關。站在這裡，我內心無比激動，同時又充滿謙卑之情，因為我深知我是如何才能站到這裡，也深知在座的各位都是誰。

　　我能走到今天，是因為我的父母犧牲了很多他們原本應該擁有的東西，是因為我的教師、教授、朋友和導師給了我超出他們責任範圍的關心，是因為史蒂夫・賈伯斯和蘋果給我提供了寶貴的工作機會，讓我在這12年中每天都能專注於這項意義非凡的工作。同時我也明白，正在聽我演講的人中有一群受人尊敬的教職

員，你們的思想和研究對我們的生活產生了積極的影響。在座的還有學生的父母、祖父母，他們也為我們的畢業生提供了非常寶貴的靈感源泉。在這裡，我要和大家分享我的人生心得和發現，它們來自我人生中最難忘的旅程，讓我受益匪淺。

　　迄今為止，對我的人生影響最大的一個決定，就是加入蘋果。這個決定起初並沒有在我的人生規劃中，但它毫無疑問是我做過的最正確的決定。當然，在我的人生中還有許多其他重要的決定，譬如決定來奧本大學。我念高中的時候，有老師建議我讀奧本大學，也有些老師建議我讀阿拉巴馬大學。我說過，有些決定是很輕鬆的。但是，在 1998 年我要做出加入蘋果的決定卻並不簡單。那時候你們當中的大多數人當年還只有 10 歲，你們可能不知道，1998 年的蘋果和今天的蘋果相比真是天壤之別。1998 年的蘋果沒有 iPad，沒有 iMac，沒有 iPhone，甚至沒有 iPod，我知道，你們很難想像沒有 iPod、iPad、iPhone 的生活。儘管當時的蘋果已經有 Mac 電腦，但是卻銷售不佳，虧損連年，人們普遍認為，蘋果已經瀕臨破產了。就在我接受蘋果工作的前幾個月，戴爾公司的創始人兼 CEO 麥可・戴爾曾被媒體問及他會怎樣拯救蘋果時，他回答說：「我會關閉它，然後把錢還給股東們。」戴爾的這一番話其實是當時大多數人的心聲。由此可見，當年的蘋果的處境有多麼艱難。

　　當時我任職的康柏公司是全球最大的個人電腦生產商。撇開康柏明顯好過蘋果太多的營運狀況不談，單是康柏公司總部設在德克薩斯州，方便我就近觀看奧本大學的球隊比賽這一點，就足夠我選擇康柏了。從純粹收益和成本方面來考慮，任何理智的人

都會選擇康柏,當時我的朋友們也都建議我留在康柏。我曾經向一位 CEO 朋友諮詢此事,他很堅定地對我說,如果我離開康柏,加入蘋果,那將是一個非常愚蠢的決定。

在決定是否進入蘋果這件事上,我必須脫離我固有的工程師的思維來思考。工程師的思維方式就是透過不帶任何感情的客觀分析來做出決策。當我們遇到選擇的時候,我們會列出成本和收益,最終選擇性價比比較好的那一個。但在我們的生活中,很多時候,透過計算成本與收益而做出的決定並不一定都是正確的。在我們人生道路中,有時候就得靠直覺來做決定。有意思的是,我發現在面對人生重大決定的時候,直覺似乎更能讓你做出正確的選擇。

要想依靠直覺做出重大決定,你就必須放棄原來的人生規劃。當然,這些規劃也可能與最後的結果有一定的關係。直覺就是一瞬間發生的事情。如果你遵從內心的想法,聽從直覺的指引,它就有可能指引你到達最適合你的人生軌道上。在 1998 年的那一天,我聽從了直覺的指引,而沒有聽從我的左腦或我最好朋友的建議。我倒現在也不明白我當時為什麼會這樣做。但是,在我與史蒂夫·賈伯斯會面不到五分鐘後,我就拋棄了我的邏輯和謹慎,決定加入蘋果。我的直覺當時告訴我,加入蘋果是我一生僅有一次的機會,讓我能夠與富有創意的天才工作,成為管理團隊中的一員,重新振興一家偉大的美國公司。如果當時我的直覺輸給了我的左腦,我真不知道我今天會在哪裡,但肯定不會站在你們面前。這確實是一次令人難忘的經歷。

我還記得,在我自己的畢業典禮上的那種對未來充滿迷茫的

感覺，那時我非常希望自己能有一個25年的規劃來引領我的人生。
當我念商學院的時候，我甚至嘗試做過一個25年的人生規劃。為
了準備這次演講，我特意找出了這份22年前的人生規劃。但我現
在要說的是，這些東西根本不值得用泛黃的紙張記錄下來。當年
我還是一個年輕的MBA學生時，我並不理解這一點。但生活就像
拋出的曲線球，你永遠不能確定它的軌跡。別誤會，為規劃做規
劃本身是好的，但如果你像我一樣，偶爾也想去看看籬笆外面的
風景，你就不要指望你能按部就班的生活。雖然你不能為人生做
規劃，但你仍然可以為人生做好準備。一個優秀的打擊者並不知
道曲線球什麼時候飛過來，但是他知道它會飛過來，因此他會做
好一切準備。人們總以為直覺就是依靠運氣或信仰。至少在我看
來，事實並非如此。直覺能夠告訴你應該進哪扇門，卻不能告訴
你打開門後會發生什麼事。

說到這裡，我想起亞伯拉罕·林肯說過的一句話：「我會一直
做好準備，直到機會有一天到來。」我對此深信不疑。正是這種
信念指引我來到奧本大學學習工業管理學，指引我在奧本大學加
入了合作學習項目，指引我來到杜克大學學習商業，指引我接受
了難以計數的工作和任務。

商場如賽場，大多數比賽結果在比賽開始之前就已經決定了。
我們不能控制機會來臨的時間，但是我們能夠控制我們的準備時
間。就目前的經濟形勢和你們大多數人的擔心而言，我覺得林肯
的這句話在今天尤其適用。1982年我剛畢業的時候，我也有著和
你們一樣的擔心。但是，在座的很多學生家長可能還記得，當時
的經濟形勢與現在差不多。失業率高達兩位數，儘管華爾街沒有

銀行倒閉，但嚴重的儲蓄和貸款危機已經出現了。和我的同學們一樣，我當時也十分擔憂自己的未來。

但是，林肯的這句至理名言，不僅適用於我們 1982 年應屆的畢業生，同樣也適用於今天畢業的你們。做好準備，機會就會來臨。正如我們所有的前輩們經歷的一樣，你們將會站在你們上一代人的肩膀上，也就是我和你們的父母這一代人的肩膀上。你們將會看得更遠，取得更大的成就。

在這個偉大的時刻，生活在這個偉大國家的你們和你們的家人，齊聚在這個偉大的學校，這證明你們的準備已經開始了。畢業後，你們還要像你們在奧本大學所做的那樣，繼續做好充足的準備。這樣，當你的直覺告訴你「我的機會來臨」時，你就能信心百倍地準備迎接它了。如果你已做好準備，而且正確的大門也已向你敞開，你只需要明白一件事了：你做的準備有多大，你的成就就有多大。至少對我而言，奧本大學校訓中的第二句話「我相信奮鬥，努力奮鬥」讓我產生了很大的共鳴，而且一直是我的核心信念之一。這句話看起來簡單，卻蘊含著無窮的智慧。足以經受住時間的考驗。

無數事例告訴我們，那些想要不費吹灰之力就取得成功的人終究是在自欺欺人。我非常幸運，我的身邊有很多睿智、聽從直覺的思想家，他們創造了世界上最精緻、最偉大的產品。

對於我們所有人來說，直覺不能取代縝密思維和努力工作，它只是一塊敲門磚。我們沒有捷徑可走，我們必須關注每一個細節，聽從好奇心的指引。我們清楚，整個過程有可能非常漫長，但是最終一切都會是值得的。我們敢於冒險，也知道冒險有時候

會導致失敗。但是，沒有失敗，又何談成功？我們牢記愛因斯坦說過的一句話：「瘋狂就是重複做一件事情，並期待有不一樣的結果。」總而言之，直覺對你做的任何事情都能起到重要作用，但如果沒有堅持不懈的準備和行動，一切都將變得毫無意義。這些就是我對直覺、準備和努力工作重要性的心得體會。在我看來，它們給我指出了一個基本的原理，而且能夠應用到你人生中最重要的決定中：相信你的直覺，然後用你擁有的一切去證明它的正確。

邏輯告訴我，我應該就此打住，但就像我說過的，有時候邏輯並不佔上風。因此，我還有最後一個心得體會要和大家分享：如果只談成功，不談失敗，這是一種誤導。每一個成功過的人都不可避免地會經歷苦澀、絕望和落魄，所以，不要一遭遇失敗就停滯不前。

你們擁有的自我懷疑的挫折感，我也一直有；儘管我今天在這大談怎樣來做出重大的決定，但我也曾做過一些錯誤的決定。就像你們中的許多人一樣，我的人生中也充滿挑戰和失敗。但是，當經歷漫長的人生旅程後，我意識到，所有的艱難時刻都會過去，每跨越一次失敗，我們都將變得更加堅強和睿智。老話常說：「一切都會過去。」對於我來說，這句話就是至理名言，我相信對於其他相信這句話的人也是如此。所以，在你的頭腦中描繪你們人生最宏偉的藍圖吧，做好充分準備，相信自己，聽從你的直覺去行動，不要為生活的困難而分心。

祝賀你們，2010 年的應屆畢業生們，今天是你們人生中的重大時刻，你們已經在一流的學府中接受了一流的教育，同樣應該

被祝賀的還有一直支持你們的親朋好友。在今天這個重要的日子裡，請你們保證在今後繼續秉承奧本大學的精神，去享受你們未來的旅途，而非某些遙不可及的目標。無論你們在未來會走向何方，請盡情享受其中的快樂。感謝大家聆聽我的演講，謝謝！

◈2011 年 8 月就任蘋果 CEO 致員工信

公司團隊：

我非常期待在這個全球最具創新能力的公司擔任 CEO。加入蘋果是我做過的最正確的決定。我一生中最大的榮幸，就是在過去 13 年中為蘋果和賈伯斯工作。賈伯斯對於蘋果的光明未來充滿了樂觀，我也一樣。對於我個人、全體管理團隊和我們的員工來說，賈伯斯是一位偉大的領導者，是　位良師益友。我們衷心地希望賈伯斯作為董事長來繼續指導和鼓勵我們。

我希望你們相信，蘋果不會改變。我珍惜並支持蘋果獨一無二的原則和價值觀。賈伯斯一手締造的公司及其文化與世界上任何一家公司都不相同。我們將會保持這樣的文化，事實上，它已融入我們的血液，成為我們 DNA 中的一部分。我們將會繼續製造全世界最好的產品，滿足使用者的需求，並且讓員工為我們所做的感到無與倫比的自豪。

我熱愛蘋果，並熱切期待能夠進入我的新角色。來自董事會、管理團隊和大家的鼎力支持，讓我備受鼓舞。我相信，我們的前途將更加美好，我們只要團結一心就能繼續保持蘋果現有的獨特地位。

❖2012 年高盛科技與互聯網大會上的談話

問：對於蘋果公司與供應鏈及內部員工的關係，有什麼應該讓投資者知道的嗎？

提姆·庫克：首先，我希望大家明白一點，蘋果非常重視員工的工作環境，這也是我們長期以來堅持的原則。我們關心每一位員工，無論他是在歐洲工作，還是在亞洲或美國工作。我本人也在多家工廠待過很長時間，不僅僅是作為一位管理者。我先後在阿拉巴馬州的一家造紙廠和維吉尼亞州的一家鋁製品工廠當過員工。我們的許多高管經常定期訪問工廠，我們還有數百名員工常駐工廠。我們密切關注著生產流程，對員工的工作環境瞭若指掌。

大家都知道供應鏈是相當複雜的，與供應鏈有關的問題也非常複雜，但我們的承諾非常簡單：我們堅信每一位員工都有權利享受公平和安全的工作環境，不會受到任何歧視，可以獲得他們應有的報酬，可以自由表達他們的想法。蘋果供應商要想與我們合作，就必須做到這一點。

我們還堅信，如果人們具有技能和知識，就能改善自己的生活。我們為此投入了大量心血，為我們整個供應鏈的員工們提供教育資源。我們向供應鏈的許多工廠提供免費課程，我們與當地

大學合作，為他們提供英語、創業知識和電腦技能等方面的培訓。迄今為止，已經有超過 6 萬名員工參加了這些課程，這真是一個相當令人驚訝的數字。如果將這些接受過培訓的員工聚集在一個地方，場地的規模將超過美國規模最大的大學——亞利桑那州立大學。

而且，其中許多員工還會獲得副學士學位。所以，對於那些渴望改善生活、實現更高人生理想的人來說，這是一個非常不錯的跳板。至於我們正在解決的問題，大家可以從我們的網站上看到相關細節。我想告訴大家，在我們這個行業中，沒有哪家企業像蘋果這樣關注員工工作環境的改善。

我們會不斷對各個工廠進行審查，深入供貨鏈一線，查找問題，發現問題，解決問題。我們會公佈一切事情，因為我們深信透明在這個領域非常重要。我對我們的團隊在這個方面取得的成績無比驕傲。他們專注於解決最困難的問題，他們一絲不苟，直至解決問題。他們堪稱我們這個行業的楷模。

下面，我會給大家舉幾個例子，因為我認為這非常重要，也是目前大家關心的。

我們認為雇用童工是十分可憎的行為。在我們的供貨鏈當中，這種情況極其罕見，但我們的首要任務就是徹底消除這種情況。我們以前一直致力於在組裝環節解決這個問題，現在會擴大至供應鏈。如果我們發現供應商故意雇用童工，我們會認為這是一種赤裸裸的冒犯行為。

在安全問題上，我們不容許任何人存有僥倖心理。為了擁有更安全的生產流程，我們聘請了世界上最知名的權威人士、最知

名的專家，幫助我們制定新的標準，並在整個供應鏈推行。

我們十分關注細節。如果一家工廠的餐廳缺少了滅火器，那麼這家工廠就無法通過我們的審查，直到滅火器在餐廳安裝妥當。

我們會繼續專注於解決我們在這個行業所特有的問題，如工作時間過長的問題。我們的供應商行為準則規定，員工每週的工作時間不得超過 60 個小時，但我們還是發現仍有違規現象存在。因此，今年年初我們聲明將做出較大的調整，以透過微調來管理工作時間。

今年 1 月，我們收集了供應鏈上大約 50 萬名員工的每週工作情況資料，發現有 84%的供應商遵守了我們的規定，與過去相比，情況明顯有所好轉，但我們還需努力做得更好。我們正採取史無前例的措施，每個月在我們的網站上公佈用工情況，讓每個人都能清楚看到我們做出的努力。

大家或許都知道，在我們的要求下，公平勞工協會（FLA）已開始對我們的產品裝配廠商進行大規模審查。我們從去年開始在審查項目與 FLA 建立了合作，在今年 1 月，我們成了第一家被允許加入他們協會的科技公司。FLA 的這次審查或許是大規模製造行業歷史上最為詳盡的工廠審查，無論是在規模、範圍方面，還是透明度方面。對於最終的結果，我也十分期待。

我們知道，大家對蘋果懷有很高的期望，其實我們對自己懷有更高的期望。我們的客戶希望蘋果繼續引領行業，我們也會一直朝著這個目標努力。我們何其幸運，擁有地球上最聰明、最具創新精神的人才。我們在新產品開發上投入多大精力，就會在供應鏈責任問題上投入同樣大的精力。這就是蘋果的宗旨。

問：上季度蘋果出貨到了 3700 萬支 iPhone，蘋果什麼時候進入了大眾定律？這些增長又將帶來什麼機會？

提姆·庫克：在上個季度，iPhone 的銷量達到 3700 萬支，這是一個很驚人的數字，這個成績讓我們很滿意。但接下來，我將談談我的不同看法，至少在看待這些資料上，我的看法可能和大家有所不同。

我知道，在上個季度，3700 萬支的銷量在智慧手機市場所佔的份額是 24%。也就是說，在 4 個人當中，有 3 個人購買的是其他品牌的智慧手機。在整個手機市場，iPhone 的份額不足 9%，也就是說，10 個人當中有 9 個人會買其他品牌的智慧手機。去年智慧手機市場的規模為 5 億支，預計到 2015 年將達到 10 億支，而整個手機市場的規模預計達到 15 億～20 億支。由此看來，這個行業的發展速度快得驚人，發展空間十分廣闊。那麼，與整個市場規模進行比較，就會發現 3700 萬支其實並不多。

在我看來，規模就意味著機遇。從過去到現在我們最關注的事情，一直都是打造世界上最好的產品。我們認為，如果我們繼續專注於這件事情，持續打造 iPhone 生態系統，那麼我們就能在這個龐大市場大展宏圖。

問：最大的機會就是這個新興市場，其中預付費市場佔據了很大的份額。蘋果手機是很棒，但是它的批發零售定價卻與我們在預付費市場期盼的價格相差甚遠。您將如何讓它在這些市場裡的價格更加親民一點？

　　提姆‧庫克：首先，我要說明，這些市場對我們非常重要。正如我前面所說，到 2015 年智慧手機市場的規模預計將達到 10 億支，而在未來的 3 年內，中國市場和巴西市場將佔據這一預測數字的 25％，也就是將銷售 2.5 億支智慧手機，足見這兩個市場的重要性，當然其他市場也同樣重要。

　　我們一直很關注中國市場。iPhone 在中國獲得了極大的成功。在過去的幾年裡，我們在大中華區的營收從最開始的數億美元，迅速增加到了去年的 130 億美元。所以，我們一直在努力分析中國市場，並將其中的經驗教訓推廣到其他市場去。儘管很多人在這個問題上並不同意我的看法，但結果卻表明，世界各地群眾的消費習慣確實存在共同性。事實證明，無論在哪個國家，人們都渴望獲得最好的產品。他們不是追求最好的產品的廉價版本，而是追求貨真價實的最好的產品。所以，這是貫穿始終的一條主線。

　　新興市場與成熟市場之間確實存在很大的差別。例如，在大多數已開發國家，大部分 iPhone 經銷權都掌握在營運商自己手裡，但在新興市場，零售商擁有最大的經銷權。正如大家所知道的，我們去年在提供補貼的市場做出了一些改變。

　　但正如我所說，最重要的是產品，這才是關鍵。當然，還有行銷，我們已經意識到消費者的購買力存在差異。順便提一句，與許多人不同，我並不提倡預付費的做法。在中國，我們說服中國聯通嘗試後付費模式，這家營運商以前在中國大部分地區並沒有採取這種模式，效果好得令人驚訝。消費者很樂意看到這樣的改變，因為他們能以更低的價格購買手機；營運商也喜歡這樣的改變，因為他們可以讓消費者長期使用自己的服務，這是雙贏的事

情。我不是說這一規律適合每一個市場，但我們應該以不同的視角看待這個問題，這種模式在中國確實取得了成功。

事實證明，當蘋果在 2001 年推出 iPod，並導入 Windows 以後，在推出 iTunes Music Store 商店，並將其導入 Windows 以後，iPod 為 Mac 創造了光環效應。這讓 Mac 重新走向復甦，我們的 Mac 業務在連續 23 個季度裡的增長超過了行業平均增幅，這可是整整六年的時間啊。

但是，iPod 給 Mac 帶來的光環效應是在已開發國家創造的。它是美國創造的，是在西歐創造的，是在日本創造的，是在澳大利亞和加拿大創造的，而不是在東歐、中東、拉美創造的，不是在非洲、中國以及其他亞洲國家創造的。因為人們已經從手機上獲得音樂內容。然而，當 iPhone 推出時，世界因我們而改變了。因為 iPhone，數億人知道了蘋果這家公司，有些人購買 iPhone，有些人沒有購買，還有人渴望得到一支 iPhone。iPhone 將我們的品牌介紹給以前從未用過蘋果產品的人。

以中國為例，去年中國 Mac 銷量同比增長 100%，這個成績真是相當了不起。要知道，中國個人電腦市場去年才增長了 10%，所以 Mac 的增長速度是行業平均增幅的 10 倍。很顯然，iPhone 正在給 Mac 創造光環效應，iPhone 還給 iPad 創造了光環效應。大家可以清楚地看到這些產品的協同效應，它不僅存在於已開發國家，還出現在新興市場。

下面，我用資料來說明這一點：2007 年，iPhone 在大中華區、印度等其他亞洲國家、拉美、東歐、中東、非洲等國家和地區的營收總計為 14 億美元。我之所以選擇這個年份舉例，是因為在 2008

年以前，我們還只是在美國推出 iPhone。去年，這些國家給蘋果貢獻的營收達到 220 億美元。而且，這還只是我們觸及的市場表面。這的確是我的真實感受，原來我們主要專注於中國市場，去年才開始慢慢關注巴西和俄羅斯市場。這些市場擁有更多的機遇，所以我認為這對於蘋果的未來發展意義深遠。

問：談談 iPad 吧，iPad 已經推出大概 7 個季度了，你們已經發售過 5500 萬臺 iPad，這是蘋果公司歷來增長最快的一個產品。是什麼原因讓這個產品增長如此之迅猛？由此，從長遠的角度看，你怎麼看待平板電腦市場？

提姆・庫克：5500 萬的銷量其實出乎我們的意料。我們花了 22 年的時間才賣出 5500 萬臺 Mac，花了 5 年時間才賣出 2200 萬臺 iPod，花了 3 年的時間才賣出同樣多的 iPhone。iPad 的軌跡的確不同尋常。為什麼？因為這款產品在創新上確實快得不可思議。從 iPad 1 到 iPad 2，這個過程相當短暫。開發者幫忙我們打造了一個完備的生態系統：目前可供 iPad 優化使用的應用有 1.7 萬款，這一切真的令人難以置信。但是在我看來，iPad 如此成功的最大原因是它站在了巨人的肩膀上。iTunes Store 和 APP Store 都發揮了巨大的作用，人們透過 iPhone 對多點觸摸功能有所瞭解，因此，當人們開始使用平板電腦時，一切都變得如此順手，有意思的是，我給我母親買了一臺 iPad，她竟然知道如何像這樣觀看廣告。

令人驚訝的是，居然有這麼多人喜歡 iPad——大家都在使用，我母親也在使用，我七歲大的侄子也有一臺。我今天早上去健身

房時，發現我的教練也在用 iPad。在星巴克，我發現我周圍的人幾乎每個人手上都拿著一臺 iPad，在讀報紙或做其他事。教育領域和企業界也開始使用 iPad。我認為，iPad 是迄今我所見到的普及速度最快的一款產品。

問：那麼你覺得 iPad 將慢慢超越電腦市場嗎？

提姆·庫克：在 iPad 發售前，我們蘋果內部就已經開始使用iPad。當然，為了不被人發現，我們的一切開發工作都是保密的。當我開始注意到 iPad 迅速佔據了我 80%～ 90%的精力時，iPad 的開發工作也已完成。

坦率地講，從 iPad 開始出貨的那一刻起，包括我在內的蘋果大部分人都認為，平板電腦的市場規模將最終超過 PC 市場，不過是時間早晚的問題而已。今天我比之前更加堅信這一點。因為我注意到，使用 iPad 的人多得讓人難以置信，開發人員的創新進度也快得讓人難以置信。

如果我們今天在這所賓館裡舉行會議，邀請開發最酷 PC 應用的所有開發者來參加會議，可能一個人也不會來。但如果你邀請 iOS 或其他系統的開發人員來參加會議，包含所有著手該專案的人，那麼前來的開發者會讓這個賓館爆滿，這裡的一平方英寸都會站滿人，這就是創新的力量。這並不意味著 PC 即將走向滅亡，我愛 Mac，而且它還在增長，我認為它仍會增長。

但我深刻地感覺到，平板電腦市場產品銷量將超越 PC 市場，這只是速度和時間的問題。業界發生了太深的變革。總之，這是

我的看法，人們也可以有不同看法，如果你不能說服我，我會堅持這個看法。

問：目前，幾乎每個公司都推出了平板電腦。看到這樣的競爭格局，沒有一家能夠真正與蘋果的市場相匹敵。我們看到一些創新的機型，例如亞馬遜。許多公司都在跟 iPad 搶奪市場，不僅僅在價格方面。您是如何看待這個問題的呢？

提姆・庫克：價格不是最重要的因素。廉價品也能有一部分銷量，有些人會很高興把它買回家，但當他們真正使用產品時，就沒有那麼高興了。因為每天使用時都不會感到高興，他們漸漸就不再使用這個產品。你將不再為「我淘到了便宜貨」而欣喜，因為你開始厭惡這個便宜貨了。

這就是發生在去年的事情，PC 領域和手機領域的每一個人都感受到了這一點，每個人都決定必須擁有一部平板電腦。據非全面統計，去年有 100 款平板電腦上市。每個廠商都以 iPad 1 為目標，而我們則想儘快創新推出 iPad 2。當他們覺得有能力與 iPad 1 競爭時，我們的 iPad 2 又出來了。我們因為推出了 17 萬款應用程式而興奮，我不確定其他平臺推出的應用程式是否達到了 100 款。

我認為，人們最終需要的是偉大的產品。亞馬遜是一個不同類型的競爭對手，他們擁有不同的優勢，我認為他們將銷售很多平板電腦。但 iPad 針對的消費者是不會滿足於一款功能有限的產品的人。我認為創新和推進下一個邊界，才是平板電腦市場的真正催化劑，老實說，我們將與所有廠商競爭。我喜歡競爭。只要

每個人都致力於發明自己的東西，我就喜歡競爭。

問：平板電腦和傳統電腦是如何進行競爭的？我們想要估算一下傳統電腦市場何時會退敗在平板電腦市場下。作為一個同時發佈傳統電腦和 iPad 的公司，您有何想法？

提姆・庫克：我認為 iPad 確實奪去了部分 Mac 銷量，我們比其他廠商更願意認可這種競爭方式。我們不會抑制蘋果任何一支團隊開發最偉大的產品，即便是它會影響其他領域產品的銷量。我們的最高優先選擇是，讓消費者滿意，我們希望他們購買蘋果的產品。

現在，我不會預測 PC 產業的滅亡。我也不同意這一點，不可否認，現在 iPad 奪去了部分 Mac 銷量，奪去了更多 Windows PC 銷量。iPad 抵消其他產品的銷量要高於 Mac，這對於我們來說是一個加分。我認為平板電腦最終會取代 PC，這種競爭會隨著時間的流逝慢慢開始擴大。

我不太瞭解政治，但我認為它會強迫你壓制你的資訊，告訴你本身的身分。所以，我認為這對於 PC 業界有利，因為他們已經擁有了強大競爭對手；這對於平板電腦市場有利，因為他們將進行瘋狂的創新。最終由消費者決定選擇哪種產品。我也認為 PC 業界規模將會更加強大，只是平板電腦市場將比它更加強大。

問：現在談談資產情況，蘋果擁有 980 億美元現金及短期資金流，過去蘋果對資金投入非常保守。那麼為什麼在回購股份和發行分紅的時候顯得有點勉強？我們能期望這一現狀有所改觀

嗎？

提姆・庫克：談到蘋果持有的現金流，首先，我不同意你們使用的「節儉」這個詞，至少我不會使用這個詞。在供應鏈上，我們已經花費了數十億美元；在收購上，我們也花費了數十億美元，包括智慧財產權收購；在零售領域，我們也花費了數十億美元；在基礎設施、公司、資料中心、蘋果應用商店和 iCloud 等方面，我們也花費了數十億美元。但有一點你們說對了，我們還剩下很多現金。但我認為我們還擁有清楚的頭腦，我們需要深思熟慮。我們每花一筆錢都要把它當作是最後一筆錢，我認為股東們希望我們這麼做。他們不希望我們大手筆花錢，當然我也從來不會這麼做。這聽起來可能有些不可思議，但是事實。

在現金的使用上，自我擔任 CEO 後就一直表示，我不會迷信持有或支出。我們董事會都在非常積極地討論如何使用這筆錢，但我認為每個人都希望我們深思熟慮後做出決定，事實上現在我們正是這麼做的。我們不會做出一些稀奇古怪的決定，因此大家不必擔心我們的口袋裡是不是有漏洞。

問：討論是不是有點過於積極了？我指的是，現金結餘額度如此之大，是不是利用率會因此下降呢？

提姆・庫克：眾所周知，外界一直在討論我們的現金流水準。只不過現在討論得更多，更詳細。我認為每一個人都非常清楚，我也要承認，蘋果現在擁有的現金已經高出了維持每天業務營運所需要的費用，相信每一個在場的人都會同意這一點，所以我們

在積極討論它的使用。我只要求你們更加耐心一點，這樣我們就能以更加從容的方式使用這筆錢，為股東做出更好的決定。

問：我們聊聊客廳吧，您說過，Apple TV 仍然處於興趣階段。請問是什麼原因要說它仍處在興趣階段，或者未來將會有什麼變化？

提姆·庫克：對於未來，我不想過多討論，因為大家可能會誤解我說的話。從現有產品來看，我們去年賣出了不到 300 萬臺 Apple TV 機上盒。如果你沒有 Apple TV，你應該就去買一臺。它是一款很酷的產品，離開它我無法生活，就像促銷期間無法進行充足的休息。

上一財季我們賣了 140 萬臺，銷量不算很高。但其實，它之所以被我們稱為「業餘愛好」，是因為我們不想向大家和我們的股東傳遞一種資訊，一種我們認為電視市場規模等同我們其他業務規模的資訊，這其中包含手機業務、Mac 業務、iPad 業務以及 iPod 業務。我們不想發送電視市場和我們其他業務規模同等的信號，這就是 Apple TV 被我們稱為「業餘愛好」的原因。

一般來說，蘋果不做「業餘愛好」，秉承專注，並致力於某幾樣產品。不過有了 Apple TV 後，雖然該市場還存在一定障礙，但對於我們這些使用 Apple TV 的人來說，總還有機會。如果我們繼續追隨這一靈感，並不斷發展，我們可能會發現更大規模的市場。對於那些已經擁有 Apple TV 的人來說，消費者的滿意度從圖表中就能看出，但是我們仍然需要努力讓它進入更多主要市場，成為

一款嚴肅的產品。如果你還沒擁有 Apple TV，你應該去買一臺，因為它真的是一款很酷的產品。

問：我還希望能談談 Siri 和 iCloud，請問這兩者對於蘋果的前景有何重要作用？

提姆‧庫克：我認為，對於蘋果，推出 Siri 和 iCloud 具有很深遠的意義。如果你使用了 iCloud，將時間撥回到 10 年前，早在 12 年前，史蒂夫·賈伯斯就宣佈了一項將 Mac 或 PC 定位於人們數位生活的策略。為此，蘋果開發了一整套叫 iLife 的應用，你可以使用它連接任何設備，同步所有音樂和相片，你可以編輯相片，編輯電影等。讓 Mac 或 PC 成為你的儲藏庫，就是我們的理念。

現在 iCloud 將這種理念的發展做了更進一步的推動，近二三十年來，我們擁有了多種設備。將 iPad 資訊同步到 Mac 上，將 iPhone 資訊同步到 Mac 上，然後再同步到 iPad 上，這已經不再是一種偉大用戶體驗。自去年 10 月我們發佈了 iCloud 這項服務，我們現在已經擁有 1 億 iCloud 用戶，這真是難以置信，很明顯我們可以做得更多。我們認為 iCloud 不是一個一年或兩年的產品，而是下一個十年以上的策略，我認為這真的意義深遠。

還有 Siri。如果你這些年來一直使用 PC 或 Mac，你就需要使用物理鍵盤，使用滑鼠進行輸入。你們肯定很長時間以來一直這麼做，這一領域正在進行演化，但並沒有很多真正的革命。然後蘋果突然在 MacBook Pro 上推出了多點觸摸，這酷極了，我們還將它拓展到了手機和平板電腦上，這在業界真是一個很大的變革。

但是 Siri 是另一個具有深遠意義的變化，是我們一直夢寐以求的輸入方式。人們肯定想把它引入到工作中。令人難以置信的是 Siri 現在還只是測試版產品，我原來從不覺得，生活中不能沒有一款測試產品伴隨，但是我現在感覺到我離開它無法生活。

我認為 Siri 和 iCloud 都具有深遠的意義，我們不需要考慮它的盈利或虧損，這不是我們擔心的。我們希望提供一個偉大的用戶體驗，如果以盈利虧損來衡量就不會開發出這種偉大產品。它們不是壽命在一年或兩年的產品，而是你在未來還能夠與子孫後代討論的產品，這確實是一項意義深遠的變革。

問：顯然，你已經多次提過你想要保持蘋果的文化和戰略。當我們回顧 CEO 的改變，每個 CEO 都在戰略和文化上畫上了變革性的一筆。您覺得您的領導將如何改變蘋果？您決定對哪些方面進行維護？

提姆・庫克：蘋果是一家獨一無二的公司，不可複製。我絕不看到也不允許讓它緩慢衰敗，對此我深信不疑。

這麼多年來，賈伯斯灌輸給我們所有人一個理念，那就是蘋果應該以偉大產品為中心，專注於極少的產品，而不是做更多不擅長的產品。我們只會進軍對社會做出巨大貢獻的市場，而不是僅僅在市場中銷售大量產品。所以這些理念，與保持優秀作為外界對於蘋果的期待，是我們專注的所在，正是這些使得蘋果成了一家魔力十足的公司，吸引真正聰慧的人前來加入。他們想要的不僅僅是一份人生的工作，而是一份人生中最棒的工作。

看著人們使用 iPhone，在健身房中使用 iPod，或在星巴克中使用 iPad，沒有比這更讓人激動的了。這些都讓我感到欣喜，這

種感覺無可取代。

　　我們一直關注未來，而不是靜坐思考昨天的輝煌。我喜歡如此，因為這是促使我們前進的動力，也是我所堅持且始終置於首位的事情。

◈2013 年高盛科技和互聯網大會上的講話

問：有關蘋果向股東發放現金分紅的問題。

提姆·庫克：蘋果沒有「經濟蕭條時代的心態」。蘋果在產品方面一直是大膽的、雄心勃勃的，但我們在財務方面則比較保守。如果你看看我們去年在投資領域的行動，就會發現去年我們的資本支出高達 100 億美元。我們認為，今年我們的資本支出也將達到類似的金額。我們不僅對全球零售、產品創新、新產品和供應鏈等領域進行了投資，還收購了一些公司。我認為，一家在過去兩年時間裡進行了 20 多次投資活動的公司，是不會有「經濟蕭條時代的心態」的。

另一個事實是，我們已經透過派發股息和回購股票的方式向股東返還了 450 億美元資金。我認為沒有一家擁有「經濟蕭條時代的心態」的公司會這樣做。

現在，我們確實擁有大量現金。單單是上個季度，蘋果在業務營運活動的現金流就超過了 230 億美元，這是一種令人難以置信的「特權」，我們會根據這個慎重考慮向股東返還更多資金。事實上，管理團隊和董事會正在熱烈討論這個事情，那是我們股東想要的東西。

我認為這項建議是有建設性的。我們將充分評估其提議。爭

論的核心是一項有關蘋果代理權的提議,這項提議是我們在去年12月提交的。這項提議與股東權益有關;事情並非蘋果是否會向股東返還更多現金的問題,也並非向股東返還多少現金的問題。蘋果正在審視該公司能採取什麼措施來進一步改進公司治理。我們認為,我們應去除公司章程中的空頭支票。

問:關於對沖基金經理大衛・埃因霍恩提起的訴訟中所涉及的「二號提案」的問題。

提姆・庫克:我覺得,由於採取有利於股東的措施而受到起訴是件不可思議的事情。坦白地說,那是一種愚蠢的「雜耍」。我覺得,把時間和金錢貢獻給一項值得去做的事業才是更好的資金使用方法。你們不會看到我們利用自身資金來為競選運動提供政治獻金,那是浪費股東的錢,是一件令人分心的事情,對蘋果來說並非一件意義重大的事情。

我支持(埃因霍恩)的「二號提案」。現在我們所面臨的重大問題是返還現金:如何返還和返還多少,對此我們十分認真。但是,與「二號提案」相關的事情是一種愚蠢的「雜耍」。我們強烈感覺,蘋果股東應該會批准任何發行優先股的提議。

問:過去你們每年都會進行多項併購交易。蘋果文化中是否有某些東西讓你轉為反對進行大規模併購交易的概念?

提姆・庫克:從過去3年來看,平均每隔一個月,我們就會進行一項併購交易。我們收購的公司擁有真正聰明的人才和智慧

財產權。一般來說，我們在許多情況下會在收購一家公司以後，將其技術用來開發其他的東西。一個很好的例子是：我們幾年前收購了一家公司，當時我們正在建構自己設計引擎的能力，那些引擎現在用於所有 iPhone 和 iPad 中。這是一個令人難以置信的熟練人才團隊，當時曾致力於開發 Power PC。我們對那種產品沒有興趣，因此將這個團隊的技術用來開發 iPhone 及其他引擎。我們還將做更多類似的事情。

我們曾考慮過收購大型公司，但每一次都沒能通過我們的測試。未來，我們將考慮更多大規模的併購交易，但我們是有紀律的、深思熟慮的，而且也並未感受到需要收購公司來獲取營收的壓力。我們想要生產偉大的產品。如果收購一家大型公司能幫助我們的話，那麼我們會很感興趣。但需要重申的是，我們的信條是深思熟慮後才會決定進行這種交易。

問：蘋果如今的創新文化如何？

提姆・庫克：蘋果的創新文化前所未有的強大，創新已經深深嵌入了蘋果的文化。大膽的開拓精神、志向、打破所有界限的信念、想要生產世界上最好產品的意願，都前所未有的強大。這種創新精神植根於公司的 DNA 裡。

就某些基本要素而言，沒有什麼公式可言；如果有公式的話，那麼許多公司就都已經獲得了創新能力。有些基本要素是技巧和領導能力。

就技巧而言，蘋果正處在一個獨一無二的、無可比擬的地位

上。蘋果在軟體、硬體和服務領域中都擁有相關技巧。PC 行業的模式已經不是當今消費者想要的東西，他們想要的是一種優雅的體驗。真正的「魔術」是在這 3 個領域的「十字路口」發生的，而蘋果有能力在這 3 個領域中進行創新。這些技巧並非開張支票就能買到的東西，而是需要數十年的經驗累積。

環顧高管團隊，我看到了許多「超級明星」，許多人都是各自領域的頂尖人物。像是喬納森·伊夫，他是世界上最好的設計師；現在，他還在將自己的才能帶到軟體領域中；像是鮑勃曼斯菲爾德，我覺得他是世界上頂尖的矽谷專家；像是傑夫·威廉斯，他是營運領域中無人可及的人才；還有菲爾、丹和克雷格等人，他們都聚焦於產品領域，是他們各自領域中的頂尖人物。能成為這樣一個團隊的成員，我感到非常榮幸。

問：在最重要的產品類別中，你們是否已經達到了極限？

提姆·庫克：蘋果的字典中沒有「極限」這個詞。就智慧手機市場而言，我預計這個市場在未來幾年時間裡將增長一倍。這是一個龐大的市場。從長期來看，所有手機都將是智慧手機；全球範圍內已經有 14 億多人在使用智慧手機，而未來將有更多人會升級至智慧手機；而且，人們喜歡定期升級。

在 5 億部智慧手機的銷售量中，超過 40％都是在過去一年中發生的。在這一時期，我們建立了一個生態系統，這個系統能提供世界上最好的用戶體驗。此外，這個生態系統還在為開發者帶來極好的經濟收入。我們向開發者支付的費用已經超過了 80 億美

元。

當我看到蘋果在中國市場上的成績時，我認為這讓任何人都印象深刻。公司的年度營收已經從幾億美元增長至 30 億美元，然後是 130 億美元……現在，我們的年度營收每年都會增加 100 億美元以上。

問：對預付費用戶來說，iPhone 的價格過高。你對創造一種出色的用戶體驗是怎麼想的？

提姆・庫克：這個問題經常都會被問及。偉大的產品是我們的「北極星」。所有員工在每天工作時，都會堅持這個目標。我們不會去做任何在我們看來不夠偉大的產品；或許有些公司會這樣做，但我們不會。

如果看看我們做了什麼事情來吸引那些價格敏感的用戶，就可以看到我們降低了 iPhone 4 和 iPhone 4S 的售價；截至去年 12 月份，iPhone 4 供不應求，這真是讓我們驚訝。

我們正在採取措施來讓更多用戶能買得起我們的產品。當我們最初推出 iPod 時，售價為 399 美元，而今天你能以 49 美元的價格買到一部 iPod Shuffle。我們要做的不是如何進一步降低 iPod 價格，而是如何去做一種偉大的產品，而且我們有能力做到。我們的結論是，我們無法生產一種偉大的（Mac）產品，但我們發明了iPad。突然之間，我們擁有了一種令人難以置信的體驗，其售價為 329 美元起。有些時候，你可以用其他方式來解決問題。

與 PC 行業相比，在過去的幾年時間裡，公司在兩個領域中展

開競爭，那就是規格和價格。人們想說：「我獲得了更大的硬碟和更快的處理器。」在攝像頭領域中，人們開始討論百萬像素的問題。事實是，人們想要驚喜，而（手機平板）這樣的東西不會帶來這樣的效果。你知道 AX 處理器的速度嗎？很可能不知道。但這件事情很重要嗎？你想要的只是一種奇妙的體驗而已。

從顯示幕來看，有些人看重的是尺寸。但對顯示幕來說，有些事情也很重要。有些人鍾愛色彩飽和度高的顯示幕，而 Retina 顯示幕的亮度是 OLED 顯示幕的兩倍。我之所以這樣說，是因為顯示幕有很多屬性，蘋果要做的就是做好每個細節。我們關注所有細節，想要最好的顯示幕，而且我們已經做到了。我不會對未來將會做些什麼置評，但總會比一個數字就能定義的事情廣泛得多。

問：iPad 未來有什麼樣的機會？

提姆‧庫克：平板電腦市場十分龐大，這對蘋果來說將是一個巨大的機會。在這個領域，蘋果能展示自己將軟體、硬體和服務合為一體的能力，創造出一種令人驚異的體驗。蘋果第一財季 iPad 銷售量為 2300 萬部；與此相比，同一季度中惠普的 PC 銷售量為 1500 萬臺。從去年全年來看，iPad 銷售量超過惠普所有 PC 系列產品的銷售量。這是一種重大的轉變，而我們正處於這場「遊戲」中的早期回合。我們的預期是，在未來的四年內，平板電腦市場將增長兩倍，也就是達到 3.75 億臺。平板電腦正在吸引很多從來都沒有過 PC 的人，以及那些有過 PC 但從來都沒有獲得過出色

體驗的人。我不清楚具體的市佔率，但我們是唯一真實報告平板電腦銷售量資料的公司。

我們發現，幾乎所有財富 500 強公司都在使用我們的平板電腦，其中包括教育領域。當然，我們在消費者市場上也能找到自己的身影。通常情況下，產品需要很長時間才能進入所有這些市場，而我們已經在某種程度上做到了。這是件讓人十分激動的事情，對整個行業有意義深遠的影響，再次證明如果有一種產品能在所有領域中都帶來優異的用戶體驗，那麼用戶就會購買和喜歡這種產品。

問：透過 iPad mini 來追逐市佔率，這中間的權衡取捨考慮是怎樣的？

提姆・庫克：其實，這不是我第一次被問及產品自相蠶食的問題，早在蘋果推出 iBook 時我就被問到過。筆電型產品在 Mac 產品系列中所佔比例已達到 3/4 或更高，Mac 去年表現創下歷史紀錄。人們擔心 iPad 會殺死 Mac。有多人開始擔心這種自相蠶食的問題，但事實上我們不認為這是個很嚴重的問題。我們的基本信念是，如果我們的產品不自相蠶食的話，那麼別人的產品也將會這樣做。

尤其是在 iPad 的例子中，我要說的是 Windows PC 市場十分龐大，這個市場上的自相蠶食問題要比 Mac 或 iPad 產品系列中的問題大得多。我認為，如果一家公司開始擔心自相蠶食，就將開始走向滅亡。

就 iPad 而言，從一些資料來看，在中國和巴西等市場上，購買 iPad 的用戶中有一半以上原來從沒用過蘋果產品。這對我們來說是件大事，那就是向人們展示蘋果是怎樣的一家公司，生產怎樣偉大的產品，最終將他們吸引到我們的用戶群體中來。在過去幾年時間裡，我們已經在購買首款蘋果產品的使用者與擁有其他蘋果產品的使用者百分比之間發現了非常明顯的相關性。

我認為，這將成為所有市場的經驗。在上個季度，我們面臨著難以讓所有人都感到滿意的困境。

除了我們在電話會議上做出的預期，我不會做出更多有關利潤率的預期。我們的看法是，可以出於戰略理由而接受任何產品利潤率的下降。我們相信自己執行供應鏈和逐步壓低成本的能力。平板電腦市場十分龐大，因此在這個市場上推出另一種產品是很有意義的。人們想要尺寸較小、重量較輕的 iPad，同時不降低產品體驗。我們有其他方式用來賺錢和為股東提供回報。

在上個季度，我們的軟體和服務營收為 37 億美元。與軟體和服務公司相比，這一數字真讓人吃驚。

由於我們並非只是一家硬體公司，我們正在做其他事情來讓營收和利潤流動。我們並不認為售出產品是與客戶關係的最後一部分內容，反而認為這是第一部分。我們非常關注服務，而且提供服務也能給我們帶來財務利益。這不只是一家硬體公司能給我們帶來的能力，讓我們在近期內不必擔心過多。我們正在以推動蘋果長期增長的方式來管理公司。我知道，人們關心我們公司的季度業績，我們也關心，但我們做出的決定是為了蘋果的長期健康，而並非 90 天內的短期表現。

去年，在擴大生態系統的地域覆蓋範圍上，我們花費了大量精力。現在，在全球 155 個國家的市場上，都營運著 APP Store 應用商店；在 100 多個國家中，都營運著 iTunes 商店；在 100 多個國家中，我們提供免費的 iBook；在 50 多個國家中，我們提供收費的 iBook。我們幾乎在所有國家中提供雲服務，iMessage 也覆蓋了所有能營運的國家。我們只在唯一一個重要的國家中沒有出售電影。我確實覺得，去年我們取得了重大的進步，在全球範圍內建設起了不同水準的基礎設施。我們的目標是讓自己的生態系統覆蓋所有地方。

問：能談談有關零售的問題嗎？

提姆·庫克：要發現、探索和瞭解我們的產品，沒有什麼地方能比在零售領域中更好的了。我們零售行業中的團隊聚集了世界上最令人驚異的、最了不起的、最令人難以置信的人才。我們能提供最好的零售體驗，這種體驗會讓你覺得，一旦你走進我們的專賣店就會馬上發現，我們的目的是提供服務而並非出售產品。天才不僅能幫助你解決問題，也能幫助你在蘋果產品的整個壽命週期中獲得更多體驗。對於蘋果，零售相當重要。

我不確定零售商店這個說法是不是正確，幾乎對所有用戶來說，它們都是蘋果的門面，他們不會想到庫比蒂諾，還是會想到蘋果零售店。

我們正在擴大 20 家蘋果零售店的規模，將它們搬到場地更大的地方。我們將新開 30 家專賣店，新進入 13 個國家，未來還將進

入更多市場。我們上季度在大中華區新開了 4 家專賣店,未來還
將開設更多。

許多人可能還沒有意識到一點,那就是我認為如果不是由於
蘋果零售店,iPad 無法取得今天這樣的成功。平板電腦已在人們
的觀點中扎根,但蘋果零售店是人們能找到、試用和體驗 iPad 能
做些什麼的地方。我認為,如果沒有蘋果零售店,那麼 iPad 將無
法取得今天的成功——達到每週 1000 萬臺的銷售量。蘋果零售店
給蘋果帶來了令人難以置信的競爭優勢。去年,每家專賣店平均
創造的收入超過了 5000 萬美元。

問:你在擔任蘋果 CEO 的第一年中最感驕傲的是什麼事情?

提姆 · 庫克:最讓我驕傲的是蘋果的員工。他們在蘋果致力
於開發最棒的產品,從事他們一生中最優秀的工作。他們不帶著
任何邊邊框框的限制來做自己的工作,是世界上最具創造力的人
才。我們的產品也讓我感到非常驕傲。我們擁有市場上最好的智
慧手機,最好的平板電腦,最好的數位音樂播放機。我們會繼續
把重點放在那些我們選擇去做的事情。我非常看好未來,非常看
好蘋果能做到的事情。蘋果能為世界做出更大的貢獻。

對於自己領先競爭對手,我感到驕傲;對我們在供應責任中
的「脊柱」作用,我感到驕傲;對我們對環境事業的重大提升,我
感到驕傲;對我們消除毒素,我感到驕傲;對我們擁有最大的私
人太陽能電站,我感到驕傲;對我們能 100％使用可再生能源來營
運自己的資料中心,我感到驕傲。我並不喜歡滔滔不絕地誇獎自

己，但這就是我最真實的感受。

　　感謝高盛舉辦這次大會，感謝他們在更改會議日程方面所表現出來的靈活性。

❖2014 年發文宣佈性取向

綜觀我的職業生涯，不難發現，我一直都很注重保有自己的基本隱私。我出身卑微，不希望引起大家的注意。蘋果已經是世界上最受關注的企業之一，我喜歡專注於產品以及客戶利用這些產品所取得的非凡成就。

同時，我也深信著馬丁·路德·金的那句名言：「生活中最持久而迫切的問題是——你在為他人做什麼？」我常常問自己這個問題，並明白我對個人隱私的追求一直阻礙著我做更重要的事情。

多年來，我對很多人公開了我的性取向。蘋果的許多同事都知道我是一個同性戀，但是他們對待我的方式並沒有因此有所改變。當然，能夠在一家熱愛創造力、創新，並且知道只有包容員工不同點才能蓬勃發展的公司工作，是我莫大的幸運。並不是每個人都能像我這麼幸運。

雖然我從沒否認我的性取向，但是我也從沒公開承認過這一點，直到今天。所以我聲明：我為自己是同性戀而自豪，我將身為同性戀視為上帝給予我的最棒的禮物。

身為一名同性戀，讓我更深刻地理解到作為少數人之一的意義，讓我瞭解到其他少數群體每天需要面對的挑戰。它讓我感同身受，讓我的人生變得豐富。儘管有時同性戀身分讓我感到艱難和不舒適，但它同時也給予了我自信，讓我能夠克服逆境和偏執，堅持走自己的路。它還給了我一張「犀牛皮」，並在我擔任蘋果

CEO 後派上用場。

　　和我童年時相比，世界已經發生了太多變化。美國人正走向婚姻平等，為了幫助人們改變對同性戀的看法，許多公眾人物挺身而出，這讓我們擁有更加包容的文化。然而，很多國家的法律依然允許雇主僅以性取向為由解雇員工，不少地方的房東可以驅逐同性戀房客，禁止同性戀看望生病的伴侶，繼承他們的遺產。有不計其數的人，尤其是孩子，因為他們的性取向而每天面對恐懼和虐待。

　　我不認為自己是一個同性戀活躍分子，但我意識到我已經從其他人所付出的犧牲中收益良多。所以，如果讓人知道蘋果 CEO 是名同性戀，就能幫助那些迷失自己性別的人，或者為那些感到孤獨的人帶來慰藉，或者能鼓勵人們堅持平等，那麼我願意用自己的隱私去交換。

　　我承認，這是一個艱難的選擇。隱私對我來說依舊重要，我想要保護自己的一些隱私。我已經為蘋果的工作貢獻了一生，並繼續會將幾乎所有可用時間投入到成為最好 CEO 上去，這是我們的員工應得的，也是我們的客戶、開發者、股東以及供應商合作夥伴應得的。社會的一些進步表明，我們不能僅以一個人的性取向、種族和性別來衡量這個人。

　　我是一名工程師、別人的叔叔、大自然愛好者、健身狂、美國南方人的兒子、體育迷，並且還有很多其他身分。我希望人們尊重我的意願，讓我專注於自己最適合、能夠帶給我快樂的工作。

　　我很幸運，能夠領導這樣一家一直主張人權和一切平等的公司。我們在國會強烈支持職場平等法案，就像在我們的公司所在

地加州支持婚姻平等一樣。當亞利桑那州立法機構通過了針對同性戀群體的歧視性法案時，我們站出來抗議。我們將繼續為我們的價值觀而奮鬥，我相信這家偉大公司的任何人，不論種族、性別或性取向，都會做出同樣的決定。我自己將繼續主張所有人一切平等。

　　每天早上，我都會在我的辦公室看到馬丁·路德·金和羅伯特·甘迺迪的照片。我並不是想將自己的名字與他們相提並論，只是為了讓我在看到他們照片時，知道自己應該做什麼去幫助他人，即使是微不足道的小事。我們正一起一磚一瓦地鋪設了一條通向正義的陽光之路。這是我添上的一塊磚。

文經書海

城市狼族

世界菁英

文經閣
婦女與生活社文化事業有限公司

特約門市

歡迎親自到場訂購

書山有路勤為徑
學海無涯苦作舟

捷運中山站地下街
--全台最長的地下書街

中山地下街簡介
1. 位置：臺北市中山北路2段下方地下街(位於台北捷運中山站2號出口方向)
2. 營業時間：週一至週日11：00~22：00
3. 環境介紹：地下街全長815公尺，地下街總面積約4,446坪。

買書詢問電話:02-25239626

Eden BOOK STORE 藝殿國際圖書有限公司

暨全省：

金石堂書店、誠品書局、建宏書局、敦煌書局、博客來網路書局均售

國家圖書館出版品預行編目資料

蘋果新世代 庫克王朝 / 常少波 作
-- 一版. -- 臺北市：廣達文化, 2015. 10
面；公分. -- （文經書海：86）
ISBN 978-957-713-574-2(平裝)
1. 庫克（Cook, Tim, 1960）
2.蘋果電腦公司（Apple Computer, Inc.）
3.傳記 4.電腦資訊業

484. 67   104017936

蘋果新世代 庫克王朝

書山有路勤為徑
學海無涯苦作舟

作　者：常少波

叢書別：文經書海 86
出版者：廣達文化事業有限公司

文經閣企畫出版
Quanta Association Cultural Enterpriscs Co. Ltd
編輯執行總監：秦漢唐

通訊：南港福德郵政 7-49 號
電話：27283588　傳真：27264126

E-mail：siraviko@seed.net.tw
www.quantabooks.com.tw

製　版：卡樂彩色製版印刷有限公司
印　刷：卡樂彩色製版印刷有限公司
裝　訂：秉成裝訂有限公司

代理行銷：創智文化有限公司
23674 新北市土城區忠承路 89 號 6 樓
電話：02-2268-3489　傳真：02-2269-6560

一版一刷：2015 年 10 月
定　價：300 元

書山有路勤為逕
學海無涯苦作舟

書山有路勤為徑
學海無涯苦作舟